应用型本科信息大类专业“十三五”规划教材

C程序设计
实训案例与习题精编

主编 刘远兴 武 云 刘文中
参编 曹 弘 王媛妮 胡霍真

http://www.hustp.com
中国·武汉

图书在版编目(CIP)数据

C程序设计实训案例与习题精编/刘远兴,武云,刘文中主编.—武汉：华中科技大学出版社,2019.2(2025.1重印)

ISBN 978-7-5680-2815-8

Ⅰ.①C… Ⅱ.①刘… ②武… ③刘… Ⅲ.①C语言-程序设计-高等学校-教学参考资料 Ⅳ.①TP312

中国版本图书馆CIP数据核字(2017)第105821号

C程序设计实训案例与习题精编
C Chengxu Sheji Shixun Anli yu Xiti Jingbian

刘远兴　武　云　刘文中　主编

策划编辑：袁　冲
责任编辑：史永霞
责任监印：朱　玢
出版发行：华中科技大学出版社(中国·武汉)　　电话：(027)81321913
　　　　　武汉市东湖新技术开发区华工科技园　　邮编：430223
录　　排：武汉正风天下文化发展有限公司
印　　刷：广东虎彩云印刷有限公司
开　　本：787mm×1092mm　1/16
印　　张：12.75
字　　数：330千字
版　　次：2025年1月第1版第6次印刷
定　　价：35.00元

实训的教学模式是一种自主学习方式，是一种以问题为中心、以学生为主体的教学方式，老师通过项目来引导学生自主学习。计算机科学是一种创造性的思维活动，其教育必须面向设计。“C语言程序设计”是计算机专业和非计算机专业学生必修的基础课之一，是学习计算机基础知识、掌握程序设计基本方法的关键课程。它实践性很强，既有算法分析，又有综合程序设计，是非常好的实现能力培养的知识载体。本书围绕实际问题进行课程体系设计，可以达到提高学生分析、解决问题能力的目的。

为加深学生对基础知识的了解，同时提高综合程序设计能力，本书共安排了上机实习、课程设计和试题精选三个部分。第Ⅰ部分包括C程序上机操作概述和C语言上机及实验指导，该部分内容与课堂教学同步进行，要求学生初步掌握程序设计的基本方法和调试技能；在课堂教学结束后，集中安排课程设计进行强化训练，目的是使学生对基本算法融会贯通，提高综合程序设计能力。如果统一安排的上机实习时间有限，部分实验内容可由学生在课后自行完成。第Ⅱ部分是为指导学生进行课程设计而编写的。第3章既指出了程序开发过程应该遵循的原则，又用短小的程序示范了编程的实用技术和常用方法。之后的章节，通过两个实际案例开发过程的详细分析，说明了好的应用程序应该具备的特点。在陈述了课程设计报告的要求之后，演示了课程设计报告的主要内容。最后的40个课程设计题目取材于不同的生活与工作实践。第Ⅲ部分试题精选集中了近5年来的优秀试题，该部分内容可作为学生的课外练习和等级考试前的练习。

本书的完成是集体智慧的结晶，在编写过程中，得到课程组其他任课老师的大力帮助，在此一并表示感谢！由于时间仓促，加上编者水平有限，本书难免有不当与错误之处，恳请广大读者提出宝贵意见。

编　者

2018年12月

第Ⅰ部分　上机实习

第Ⅱ部分 课程设计

第Ⅲ部分 试题精选

第Ⅰ部分

上机实习

第1章 C程序上机操作概述

1.1 C程序的上机过程

C语言是一种编译型的程序设计语言，采用编译的方式将源程序翻译成目标程序才能执行。运行一个C程序，要经过编辑源程序文件(.c)、编译生成目标文件(.obj)、连接生成可执行文件(.exe)和执行四个步骤。

C语言编译器工具众多，均提供集编辑、编译、连接、调试、运行和文件管理为一体的集成开发环境，其中使用最多的有 Visual C++ 6.0、Turbo C 2.0 等。对以上步骤，不同版本的C集成开发环境操作会有所不同，Turbo C 2.0 有逐步被淘汰的趋势，所以这里只详细介绍Visual C++ 6.0 的使用方法。Visual C++ 6.0 有英文版和中文版两种版本，功能都是一样的，读者可自行选择。

由于 Visual C++ 6.0 兼容了C语言，因此可以用 Visual C++ 6.0 作为C语言的编译环境。但是由于 Visual C++ 6.0 功能复杂，初学者往往不知道如何使用，实际上只要掌握在 Visual C++环境下编辑、编译、调试、运行C语言程序的方法就够了，不需要掌握其他的功能。下面就通过实例介绍在 Visual C++ 6.0 环境下运行C语言程序的方法。

1.2 Visual C++ 6.0 集成开发环境简介

1.2.1 系统安装要求

如果需要安装运行 Visual C++ 6.0，至少需要下列软硬件配置：

- Windows XP/Windows NT 等 Windows 系列操作系统。
- IBM PC 及其兼容机，80486 以上的 CPU。
- 8 MB 以上的内存，建议使用 16 MB 以上的内存。
- 最小安装需要 140 MB 的可用硬盘空间，典型安装需要 200 MB，CD-ROM 安装需要 50 MB 空间，完整安装需要 300 MB 的可用硬盘空间。
- CD-ROM 驱动器及高密软驱。
- VGA 或更高的彩显。

1.2.2 Visual C++ 6.0 集成开发环境的启动

Windows 环境下启动 Visual C++ 6.0 非常容易，和启动普通 Windows 应用程序的方法一样。可通过在任务栏的“开始”菜单中找到 Visual C++ 6.0 图标，用鼠标单击该图标来启动其集成开发环境。

1.2.3 Visual C++ 6.0 主窗口

启动 Windows 操作系统之后，从“开始”菜单启动 Visual C++ 6.0 进入 Microsoft Developer Studio 开发环境，如图 1-1 所示。

Microsoft Developer Studio 由标题栏、菜单栏、工具栏、工作区窗口、源代码编辑窗口、

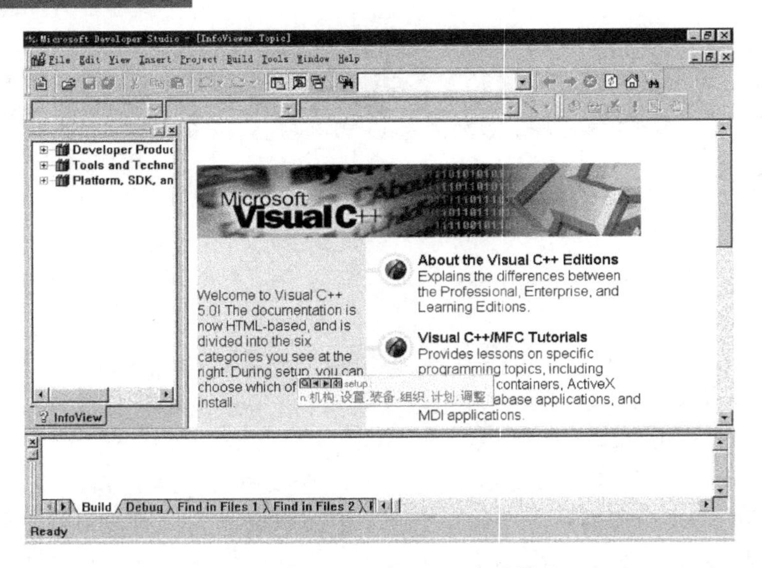

图 1-1　Visual C++ 6.0 启动界面

输出窗口和状态栏组成。屏幕的最上端是标题栏，标题栏用于显示应用程序名和所打开的文件名。标题栏的下面是菜单栏和工具栏。工具栏的下面是两个窗口，左边是工作区窗口，右边是源代码编辑窗口。工作区窗口和源代码编辑窗口的下面是输出窗口。输出窗口主要用于显示项目建立过程中生成的错误信息。输出窗口的下面即屏幕最底端是状态栏。

1.2.4　Visual C++ 6.0 菜单栏

Visual C++ 6.0 的菜单栏由多个菜单组成。执行菜单命令的方法同 Windows 系列操作系统的常用方法一致，这里不再重复。Visual C++ 6.0 的菜单栏如图 1-2 所示。

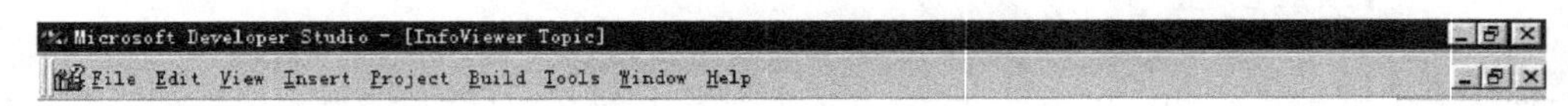

图 1-2　Visual C++ 6.0 菜单栏

1. File 菜单

File 菜单主要包含对文件进行操作的有关选项，如图 1-3 所示，各菜单项的描述如表 1-1 所示。

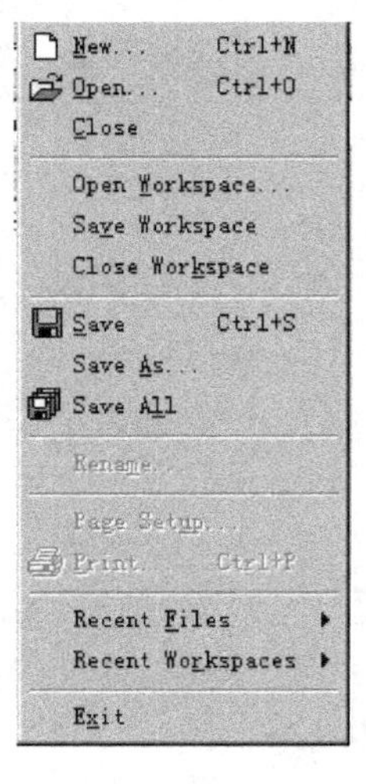

图 1-3　File 菜单

表 1-1 File 菜单项描述

菜 单 项	描 述
New	创建新的文件、工程、工作区及其他文档
Open	打开已有的文件
Close	关闭活动窗口中打开的文件
Open Workspace	打开工作区文件
Save Workspace	保存打开的工作区文件
Close Workspace	关闭打开的工作区文件
Save	保存当前活动窗口内的文件
Save As	换名保存当前活动窗口内的文件
Save All	保存所有窗口的文件内容
Rename	更改选定文件的名字
Page Setup	用于设置打印格式
Print	打印当前活动窗口内的文件或选定内容
Recent Files	选择该选项将打开级联菜单，其中包含最近打开的文件名，用鼠标单击可直接打开相应的文件
Recent Workspaces	选择该选项将打开级联菜单，其中包含最近打开的工作区名，用鼠标单击可直接打开相应的工作区
Exit	退出 Visual C＋＋ 6.0 集成开发环境

2. Edit 菜单

Edit 菜单主要包含有关编辑和搜索的命令选项，如图 1-4 所示，其中各菜单项的描述见表 1-2。

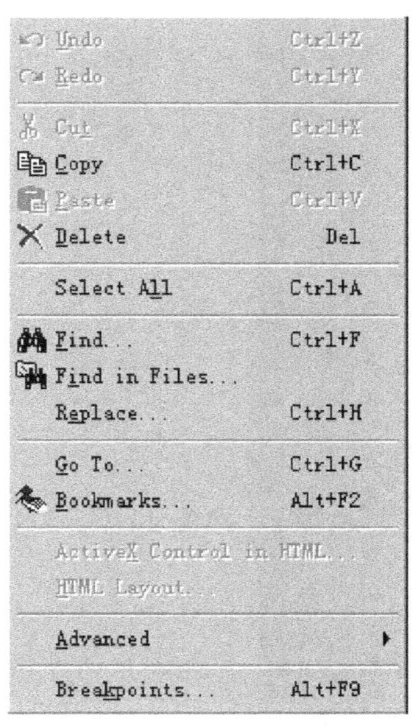

图 1-4 Edit 菜单

表 1-2　Edit 菜单项描述

菜　单　项	描　　述
Undo	取消最近一次的编辑修改操作
Redo	重复 Undo 命令取消的操作
Cut	将当前活动窗口内选定的内容复制到剪贴板中，并删除选定的内容
Copy	将当前活动窗口内选定的内容复制到剪贴板中
Paste	在光标当前所在的位置插入剪贴板中的内容
Delete	删除选定的内容
Select All	选择当前活动窗口内的所有内容
Find	在当前活动文件中查找指定的字符串
Find in Files	在多个文件中查找指定的字符串
Replace	替换指定的字符串
Go To	将光标定位到当前活动窗口的指定位置
Bookmarks	设置或取消书签，书签可以用来在源文件中做标记
ActiveX Control in HTML	编辑 HTML 文件中的 ActiveX 控件
HTML Layout	编辑 HTML 布局
Advanced	选择该选项将弹出级联菜单，其中包含一些用于编辑或修改的高级命令
Breakpoints	用于设置、删除和查看断点

3. View 菜单

View 菜单包含了 ClassWizard、源代码检查和调试信息的有关命令选项，如图 1-5 所示，其中各菜单项的描述见表 1-3。

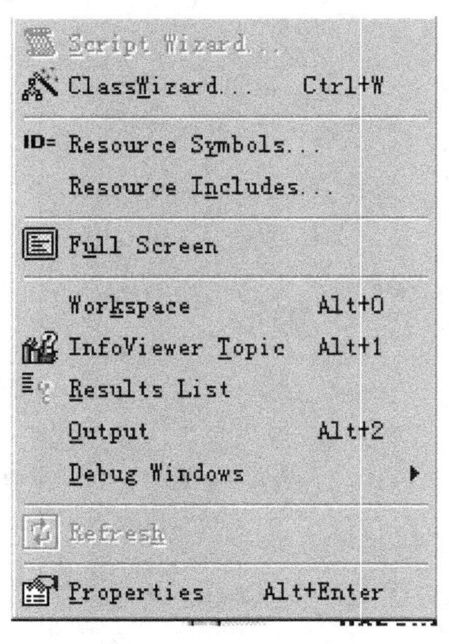

图 1-5　View 菜单

表 1-3　View 菜单项描述

菜　单　项	描　　述
ClassWizard	ClassWizard 是 MFC 中专用的类管理工具，可以用于创建新类、处理消息映射、创建与删除消息处理函数、定义和对话框控件相关联的成员变量等
Resource Symbols	打开资源符号浏览器，浏览和编辑资源符号
Resource Includes	修改资源符号文件名和预处理器指令
Full Screen	以全屏幕方式显示当前活动文档，按 Esc 键返回
Workspace	显示工作区窗口
InfoViewer Topic	显示 InfoViewer 主题窗口
Results List	显示结果列表窗口，从中可以快速跳转到以前查阅的某一主题内容
Output	显示程序编译、连接等过程的有关信息（如错误信息等），并显示调试运行时的输出结果
Debug Windows	选择该选项将弹出级联菜单，用于显示调试信息窗口，这些命令选项只有在调试状态时才可用
Refresh	刷新选定的内容
Properties	设置或查看对象的属性

4. Insert 菜单

Insert 菜单主要包含有关创建新类、创建新资源、插入文件或资源以及添加新的 ATL 对象到项目中等命令选项，如图 1-6 所示，其中各菜单项的描述见表 1-4。

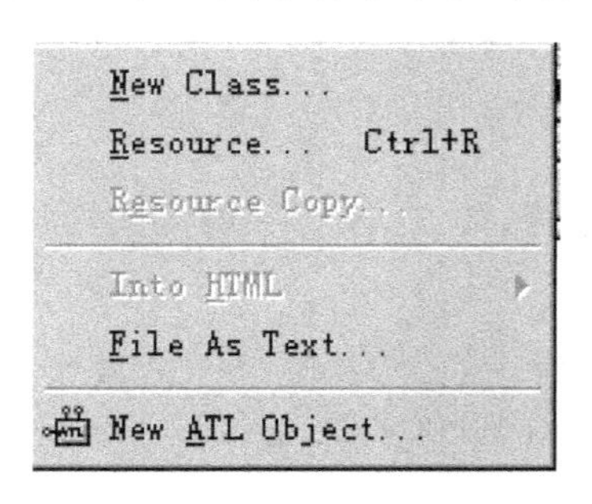

图 1-6　Insert 菜单

表 1-4　Insert 菜单项描述

菜　单　项	描　　述
New Class	创建新类加到当前工程中
Resource	创建新的资源或将资源插到资源文件中
Resource Copy	复制选定的资源
File As Text	将文件插到当前的活动文档中
New ATL Object	启动 ATL Object Wizard，以添加新的 ATL 对象到项目中

5. Project 菜单

Project 菜单主要包含管理工程和工作区的命令选项，如图 1-7 所示，其中各菜单项的描述见表 1-5。

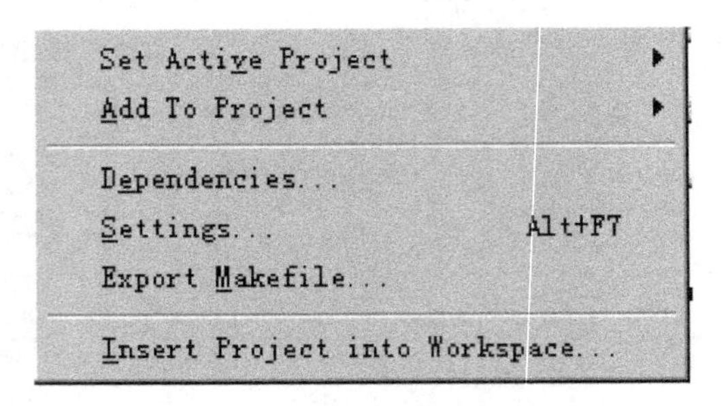

图 1-7 Project 菜单

表 1-5 Project 菜单项说明

菜　单　项	描　　述
Set Active Project	选择指定的工程为工作区活动的工程
Add To Project	该菜单项包含下一级子菜单，主要用于添加文件、文件夹、数据链接及可再用部件到工程中
Dependencies	编辑项目的依赖关系
Settings	为工程指定不同的设置选项
Export Makefile	按外部 Make 文件格式导出可建立的工程
Insert Project into Workspace	插入已有的项目到工作区中

6. Build 菜单

Build 菜单主要包含有关编译、建立、执行和调试应用程序的命令选项，如图 1-8 所示，其中各命令选项的说明见表 1-6。

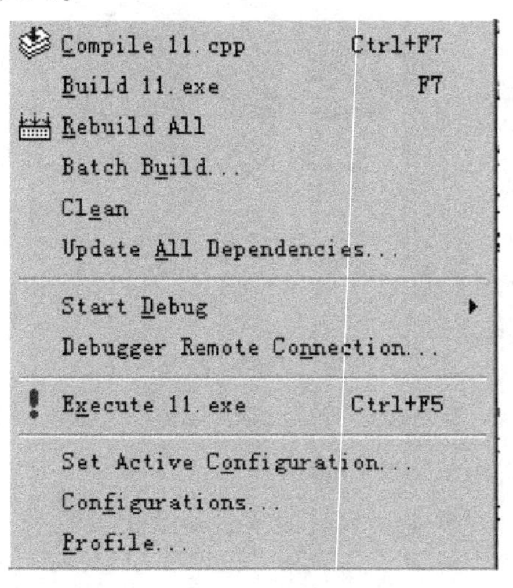

图 1-8 Build 菜单

表 1-6 Build 菜单项描述

菜 单 项	描 述
Compile *.cpp	编译源代码窗口中的活动源文件
Build *.exe	查看工程中的所有文件,并对最近修改过的文件进行编译和连接
Rebuild All	对工程中的所有文件全部进行重新编译和连接
Batch Build	该选项用于一次建立多个工程
Clean	删除项目的中间文件和输出文件
Update All Dependencies	更新工程中文件的依赖关系
Start Debug	该选项将弹出级联菜单,主要包含有关程序调试的选项
Debugger Remote Connection	对远程调试链接设置进行编辑
Execute *.exe	运行应用程序
Set Active Configuration	选择活动工程的配置(Win32 Release 或 Win32 Debug)
Configurations	编辑工程配置
Profile	剖视器(Profile)是用于检查程序运行行为的工具,利用它,可以检查代码中哪些部分是高效的,哪些部分需要更加仔细地进行检查

7. Debug 菜单

当程序处于调试状态时,Debug 菜单将取代 Build 菜单,如图 1-9 所示。Debug 菜单主要包含一些有关调试命令的选项,各菜单项的描述见表 1-7。

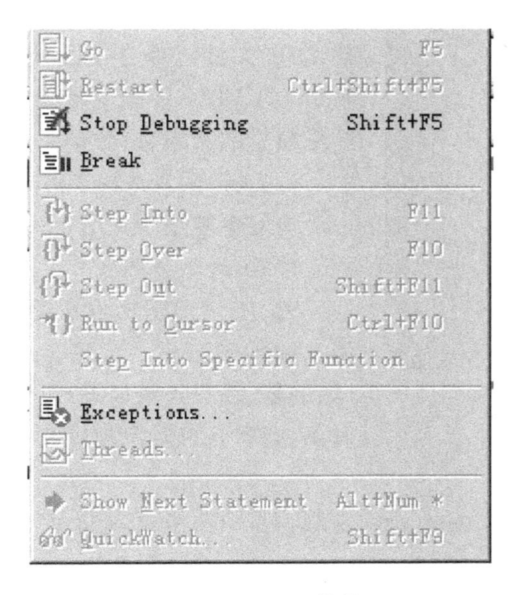

图 1-9 Debug 菜单

表 1-7　Debug 菜单项描述

菜　单　项	描　　述
Go	在调试过程中，从当前语句启动或继续运行程序，直到到达断点为止
Restart	从头开始对程序进行调试执行
Stop Debugging	退出调试过程
Break	在当前位置暂停程序执行
Step Into	单步执行程序，当程序执行到某一函数调用语句时，进入函数内部，从函数的第一条语句开始单步执行
Step Over	单步执行程序，当程序执行到某一函数调用语句时，不进入函数内部
Step Out	与 Step Into 配合使用，可以跳出 Step Into 进入的函数内部
Run to Cursor	使程序运行到光标所在位置停止
Step Into Specific Function	单步执行选定的函数
Exceptions	弹出 Exceptions 对话框，显示与当前程序有关的所有异常
Threads	弹出 Threads 对话框，显示及管理与当前程序有关的所有线程
Show Next Statement	显示正在执行的代码行
QuickWatch	弹出 QuickWatch 对话框，用来查看、修改变量和表达式

8. Tools 菜单

Tools 菜单主要包含浏览程序符号、定制菜单与工具栏、激活常用的工具等命令选项，如图 1-10 所示。

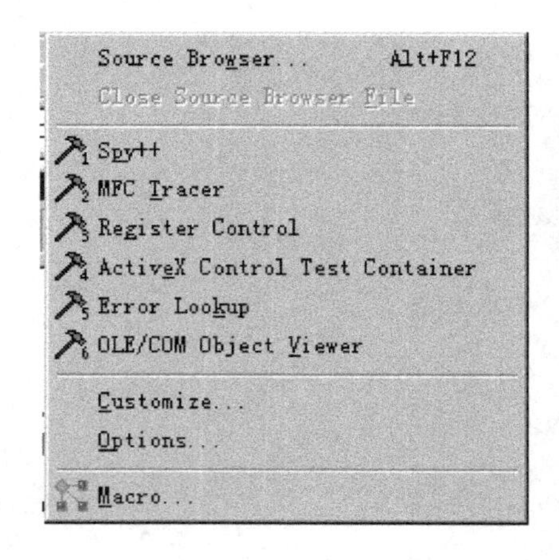

图 1-10　Tools 菜单

(1) Source Browser 选项。

在缺省情况下，建立新的工程时，编译器会自动创建 SBR 文件以保存项目中各程序文件的有关信息。再由 BSCMAKE 程序将这些 SBR 文件汇编成单个的浏览信息数据库，该数据库文件的扩展名为 BSC。

(2) Close Source Browser File 选项。

该菜单项用于关闭打开的浏览信息数据库。

(3) Spy++选项。

Spy++用于给出系统的进程、线程、窗口和窗口消息的图形表示。使用 Spy++可以查看系统对象(如进程、线程和窗口等)之间的关系，搜索指定的系统对象，查看系统对象的属性等。

(4) Customize 选项。

选择该菜单项将打开 Customize(定制)对话框，可以对命令、工具栏、Tools 菜单和键盘加速键进行定制。

(5) Options 选项。

Options 选项主要用于对 Visual C++ 6.0 进行环境设置(如源代码编辑器设置、格式设置、调试器设置、兼容性设置、目录设置、工作区设置等)。

9. Window 菜单

Window 菜单主要包含有关控制窗口属性(如窗口的关闭、排列方式等)的命令选项,如图 1-11 所示,其中各菜单项的描述见表 1-8。

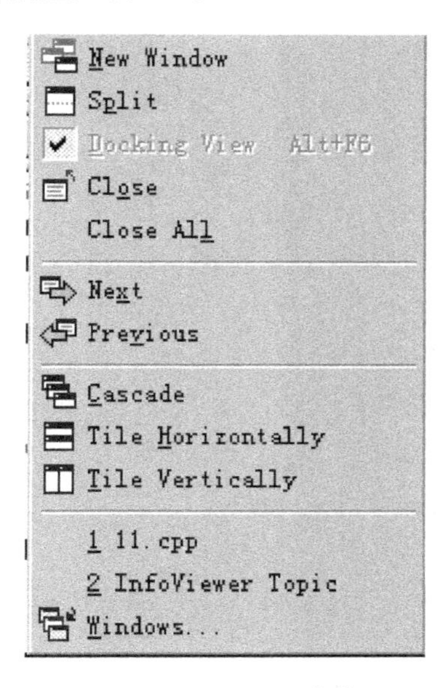

图 1-11 Window 菜单

表 1-8 Window 菜单项描述

菜 单 项	描 述
New Window	打开当前活动文档的一个新窗口
Split	将窗口拆分为多个面板,以便于查看同一文档的不同地方
Docking View	打开或关闭窗口的 docking 特征
Close	关闭选定的活动窗口
Close All	关闭所有打开的窗口
Next	激活下一个窗口
Previous	激活上一个窗口
Cascade	将当前所有打开的窗口在屏幕上向下重叠排放
Tile Horizontally	将当前所有打开的窗口在屏幕上纵向平铺
Tile Vertically	将当前所有打开的窗口在屏幕上横向平铺
Windows	打开 Windows 对话框,管理当前打开的窗口

10. Help 菜单

Visual 工作平台使用标准的 Windows 帮助机制,为用户提供了方便的联机帮助系统。帮助系统对 Visual 工作平台、C/C++ 程序设计语言和 Windows 程序设计提供了完整的索引帮助。通过 Help 菜单,用户可以查找 Visual C++ 6.0 的各种联机帮助信息,如图 1-12 所示。通过帮助程序,用户可以在相互关联的帮助项目上来回搜索,直到找到问题的答案为止。在一个求助主题下，用户可以看到不同颜色（通常为绿色）的小项，指出相关的主题。用户还可以看到光标从箭头光标变为手形光标。当用户单击一个词时，Windows 程序即跳到一个特定的项目上。

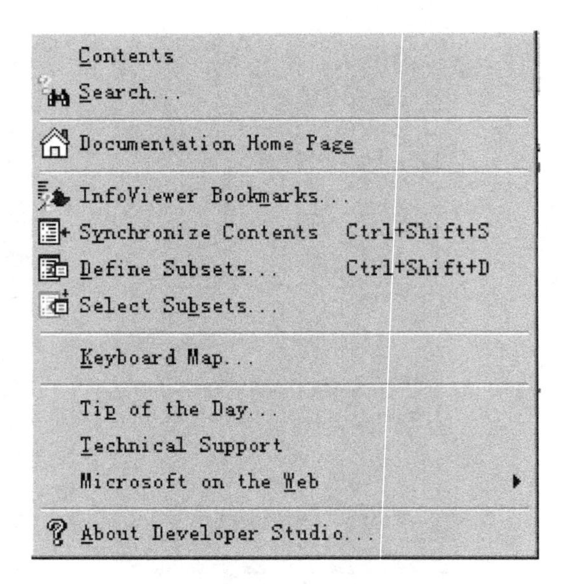

图 1-12 Help 菜单

(1) Search 选项。

Search 选项用于搜索相应的帮助主题。

(2) Documentation Home Page 选项。

Documentation Home Page 选项用于显示 Visual C++ 6.0 帮助首页。

(3) InfoViewer Bookmarks 选项。

InfoViewer Bookmarks 选项用于管理帮助主题书签，以便以后加速访问某一帮助主题。

1.2.5 Visual C++ 6.0 工具栏

工具栏往往对应某些菜单选项或命令，可以直接用鼠标单击工具栏按钮来完成相应的命令。通常在熟练使用之后，使用工具栏按钮比使用菜单项命令更加直接迅速。当鼠标停留在工具栏按钮的上面时，按钮凸起，主窗口底端的状态栏显示了该按钮的简短描述；如果光标停留时间长一些，就会出现一个小的弹出式的“工具提示”窗口，提示按钮的名字。

Visual C++ 6.0 包含十多种工具栏，缺省时屏幕上只显示 Standard 工具栏和 Build 工具栏。Standard 工具栏如图 1-13 所示。

图 1-13 Standard 工具栏

1.3 用 Visual C++ 6.0 运行一个 C 程序的操作步骤

启动 Visual C++ 6.0 后，就可按以下步骤来运行一个 C 程序。

1.3.1 建立 C 源程序文件

单击 Visual C++ 6.0 工具栏最左边的（新建文本文件）按钮，生成一个文本文件，然后保存或另存为 C 源程序文件，即文件名以.c 为后缀，例如输入 a.c。注意：这里一定要加后缀.c，不然就生成为以.txt 为后缀的文本文件了，那样就不能编译运行了。接着就可以输入源程序了，如图 1-14 所示。

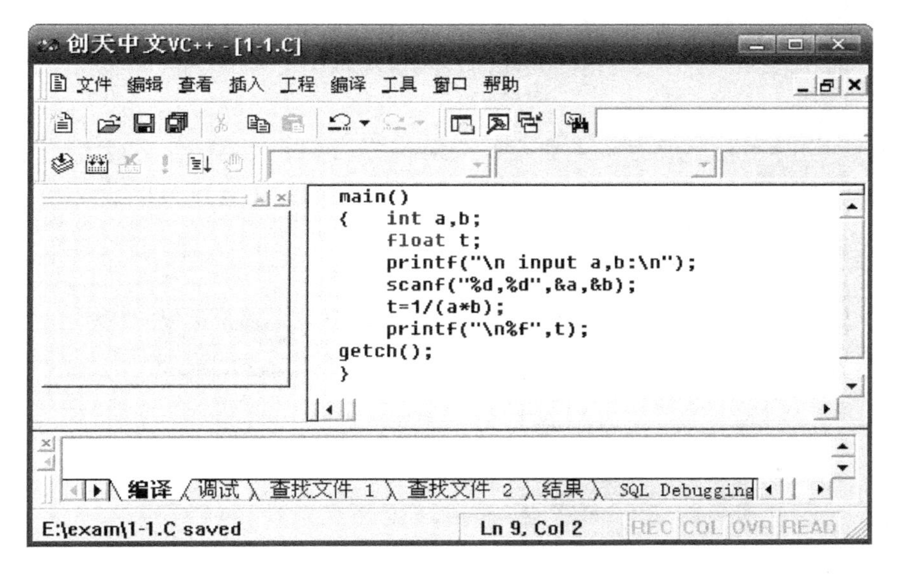

图 1-14　源程序编辑窗口

1.3.2 编译运行

源程序编辑完毕后，选择“文件”菜单的“保存”选项进行存盘。直接按 F7 或单击工具栏上的按钮，则可以编译、连接源程序而不运行该程序。

由于 VC++ 有工作区的要求，所以当按 F7 后，系统提示需要建立工作区，如图 1-15 所示。单击“是”按钮，系统会自动建立工作区，结果如图 1-16 所示。

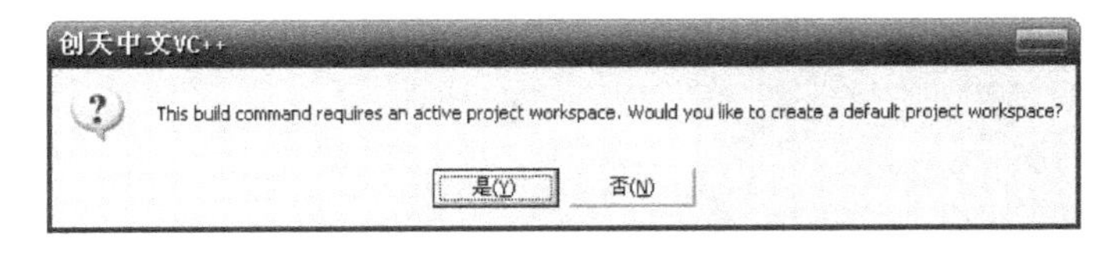

图 1-15　提示建立工作区

注意图 1-16 中编译信息子窗口的内容，你会发现有条警告（warning）信息，显示第 7 行语句 t=1/(a*b)；中存在自动类型转换，而且可能丢失数据。这说明 VC 的编译器功能很强，可以方便我们查找错误。

按下 Ctrl+F5 或单击工具栏上的图标，可以对源程序进行编译、连接和运行，这三项工作会连续完成。这时出现用户窗口，如图 1-17 所示。

从图 1-17 可以看出，结果界面实际还是 DOS 下的 C 语言运行界面。这时用户可以从

```
#include <stdio.h>
main()
{    int a,b;
     float t;
     printf("\n input a,b:\n");
     scanf("%d,%d",&a,&b);
     t=1/(a*b);
     printf("\n%f",t);
getchar();
}
```

```
1-1.C
E:\exam\1-1.C(7) : warning C4244: '=' : conversion from 'int ' t
Linking...

1-1.exe - 0 error(s), 1 warning(s)
```

图 1-16　编译源程序

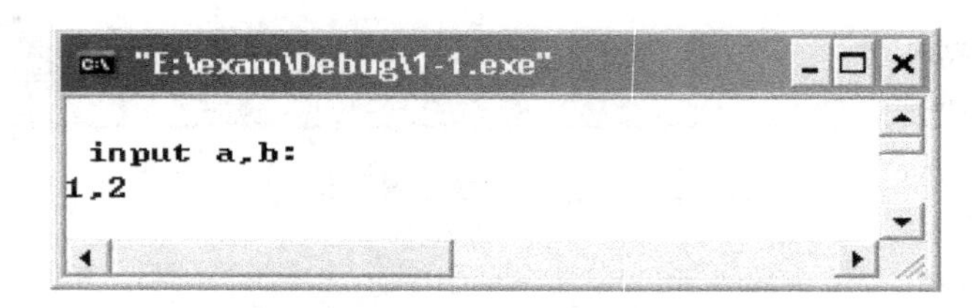

图 1-17　用户窗口

键盘输入数据，例如输入 1,2 然后按回车键，程序运行结果如图 1-18 所示。

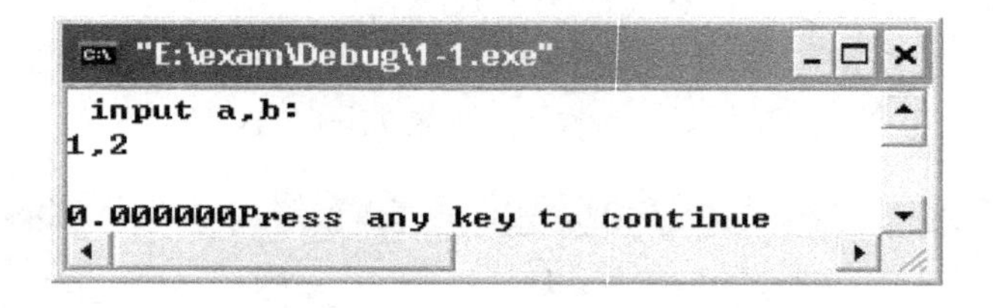

图 1-18　运行结果

注意：如果要编辑下一个 C 源程序，由于新建的文件不会自动加入工作区，故一定要先关闭 VC，再重新启动 VC，接着按如上方法建立、编辑新的 C 源程序。

1.3.3　动态调试

1. 断点跟踪

可以按 F9 键在程序的任何一行上设置断点，F9 键是设置和清除断点的开关。设置了断点的行，行首会有一个圆点，如图 1-19 所示。

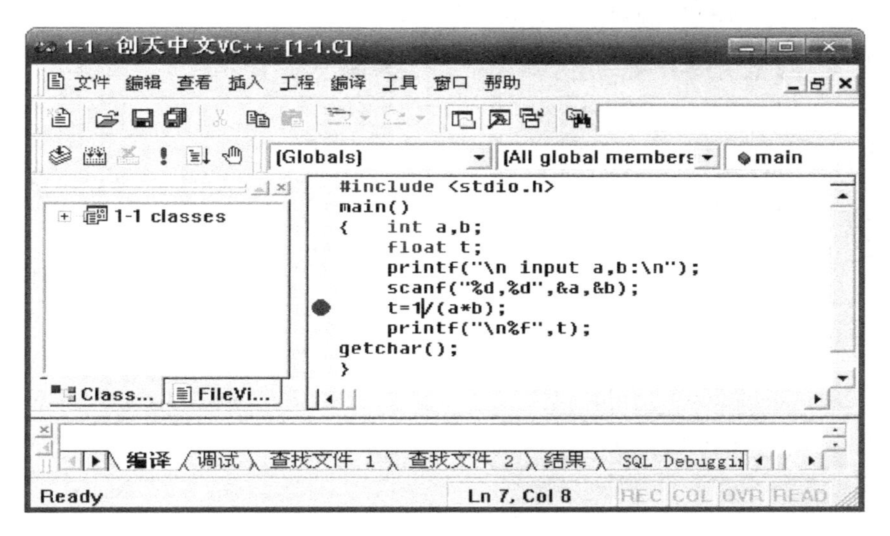

图 1-19　设置断点

当按 F5 键运行设有断点的程序时，每执行到断点处程序就会暂停，等待下一步的操作。这时可以按 F10 键单步执行下面的语句，如图 1-20 所示。

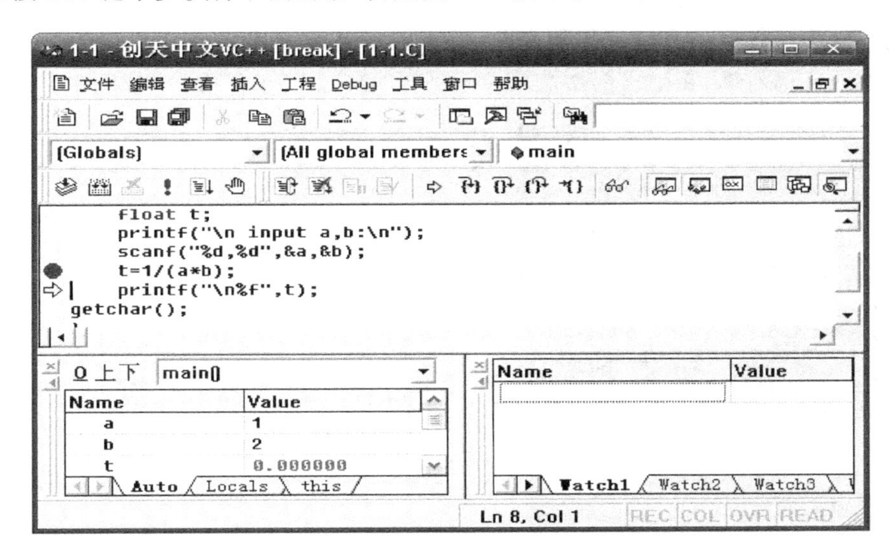

图 1-20　断点跟踪及单步执行

对于该程序，当程序停止在断点语句后，按一下 F10 键，这时窗口下方会自动弹出变量监视窗口，可以很方便地观察程序的运行情况。这里我们看到，a 为 1，b 为 2，但是 t 却为 0。而刚执行的赋值语句“t=1/(a＊b);”并没有语法错误，显然 t 应该为 0.5。这时我们想看看 1/(a＊b)表达式的值，但是编译提示窗口中不会自动监视表达式，那怎么办呢？我们可以用鼠标选中相应表达式，等 1 到 2 秒后，系统会自动显示该表达式的值，如图 1-21 所示。

这时发现 1/(a＊b)的结果是整数 0，而正确结果应该为 0.5 才对。那么错在哪里呢？对了，前面编译时，VC 就警告我们了，该语句有类型转换，可能会丢失数据。这里，a，b 都是整数，所以 1/(a＊b)的结果是整数 0 而不是实数 0.5。虽然语句“t=1/(a＊b);”把 1/(a＊b)转换成

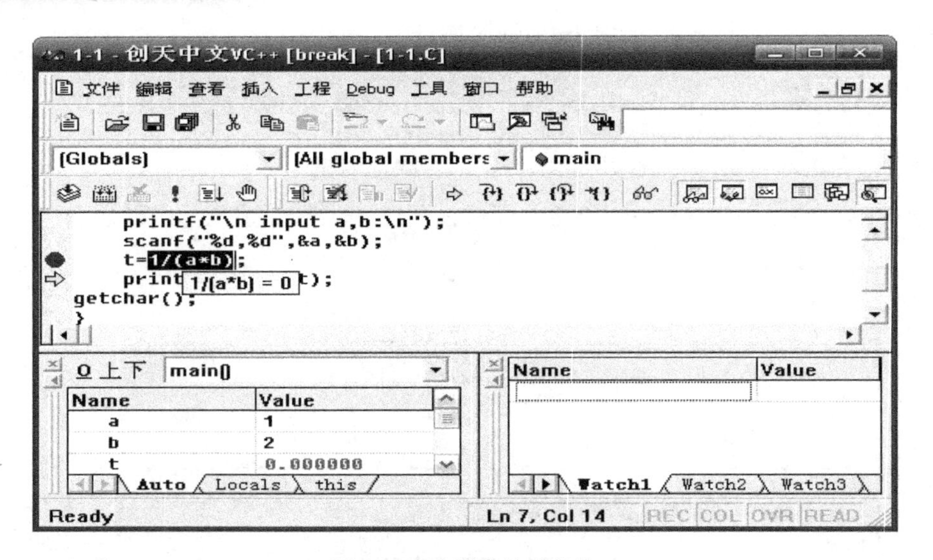

图 1-21 查看表达式的值

实数 0 放到了实数 t 中，但是这时候结果已经是 0 了。我们只要把 a，b 都改为 float 类型就没有问题了。

通过鼠标选择来监视变量或表达式的值只能临时起作用，如果希望对一个指定的变量或表达式在单步执行中一直监视值的变化，那么就应该用到监视窗口了。在选中的变量或表达式上单击鼠标右键，在弹出的快捷菜单上选择“QuickWatch”命令，如图 1-22 所示。

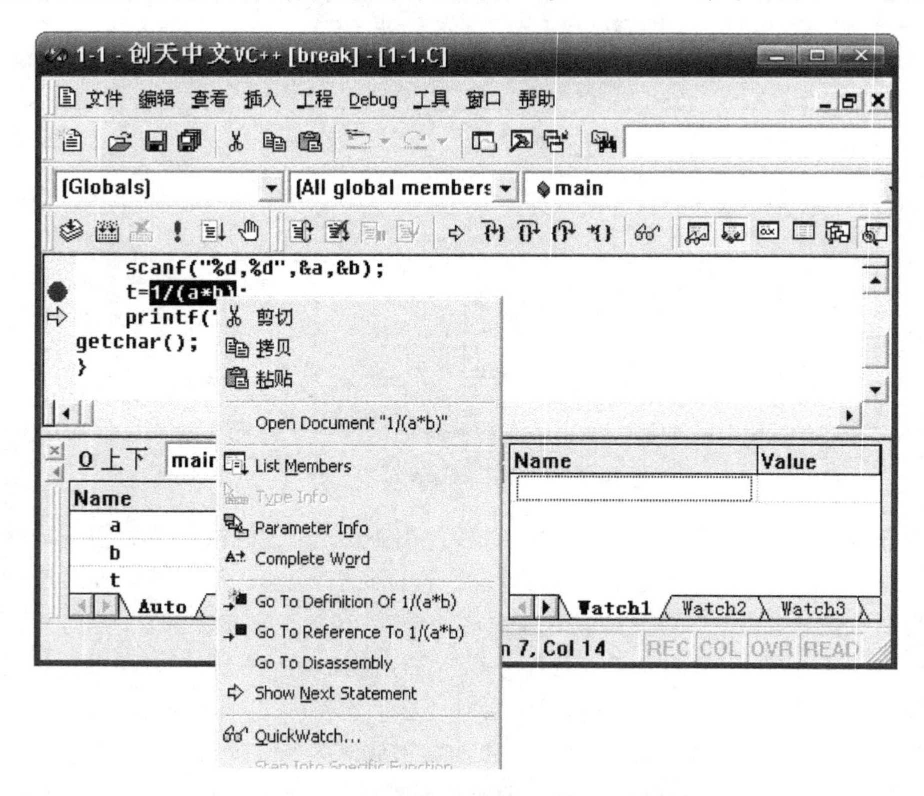

图 1-22 监视变量或表达式的快捷菜单

这时会弹出添加监视表达式确认对话框，单击确认，就会增加一个监视表达式到 VC 右下角的监视子窗口中，如图 1-23 所示。

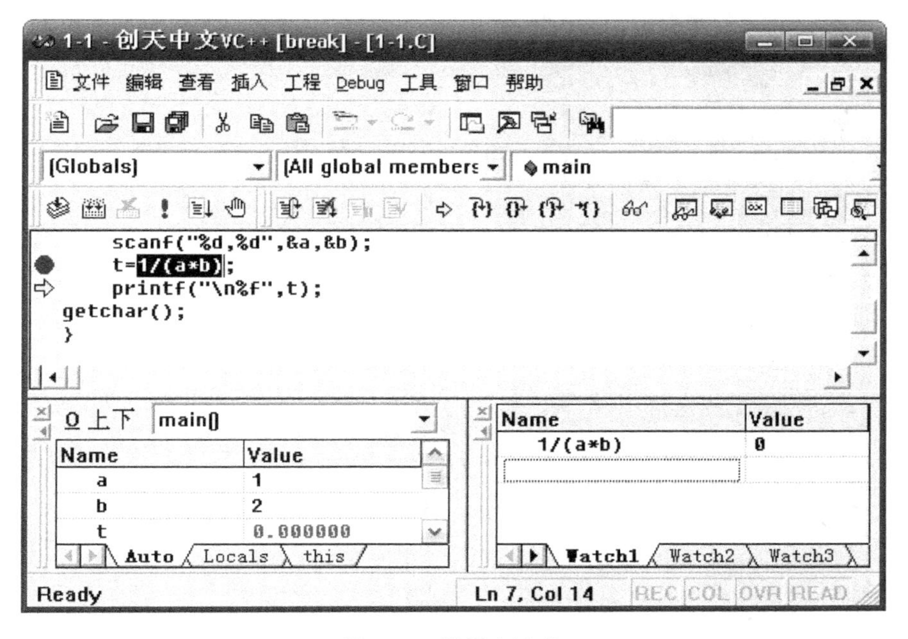

图 1-23　监视表达式

2．调试函数

如图 1-24 中的程序所示，该程序中含有自定义函数 swap()，该函数的功能是交换两个整数的值，运行程序后结果如图 1-24 所示。

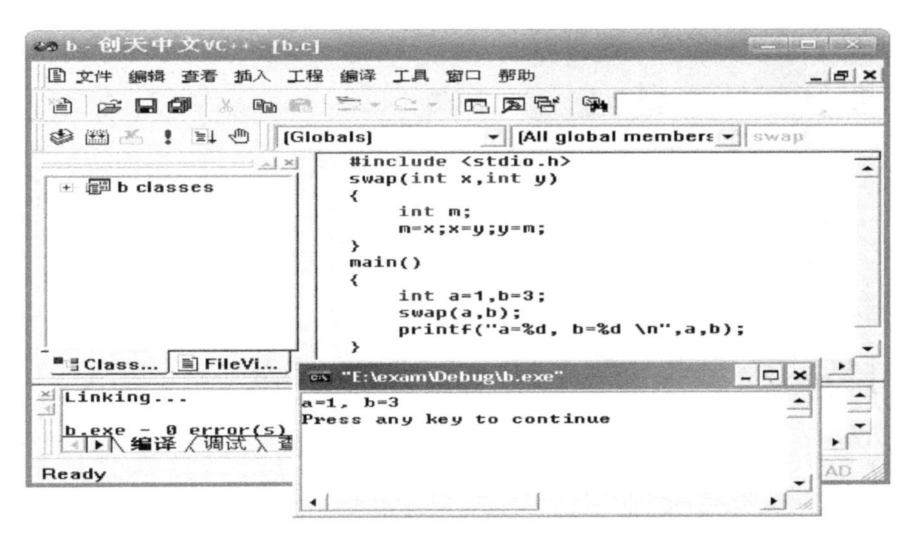

图 1-24　带函数的程序

在主函数中我们传了两个数值 a，b 给 swap()，该函数调用后输出 a，b 的值，结果发现 a，b 的值并没有改变。程序错在哪里呢？仔细检查 swap()函数，也没有发现错误，怎么办呢？这时候就可以用到功能强大的动态调试方法了。用刚讲过的"断点跟踪"方法会发现，单步跟踪到 swap()调用语句时，再按 F10 键无法跟踪到 swap()函数内部，程序就直接调用该

swap()函数了。那么怎么跟踪到函数内部呢？这就要用到 F11 键(进入函数内部)了，如图 1-25 所示。

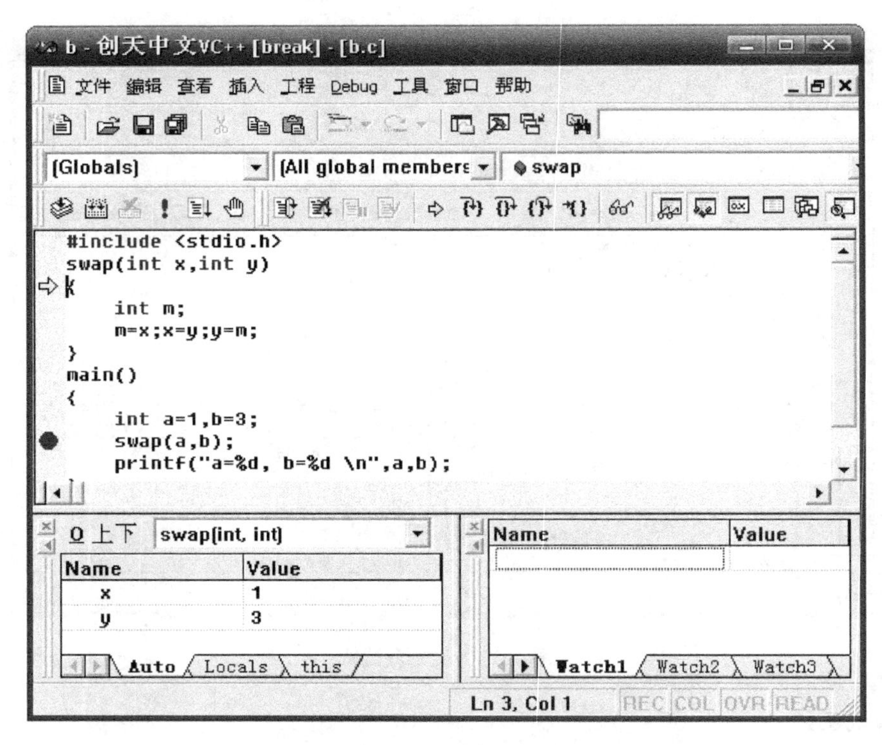

图 1-25 跟踪到函数内部

这时再按 F10 键单步跟踪会发现，a，b 把值分别传给 x，y 后，通过 swap()的执行 x，y 的值确实被交换了，如图 1-26 所示。

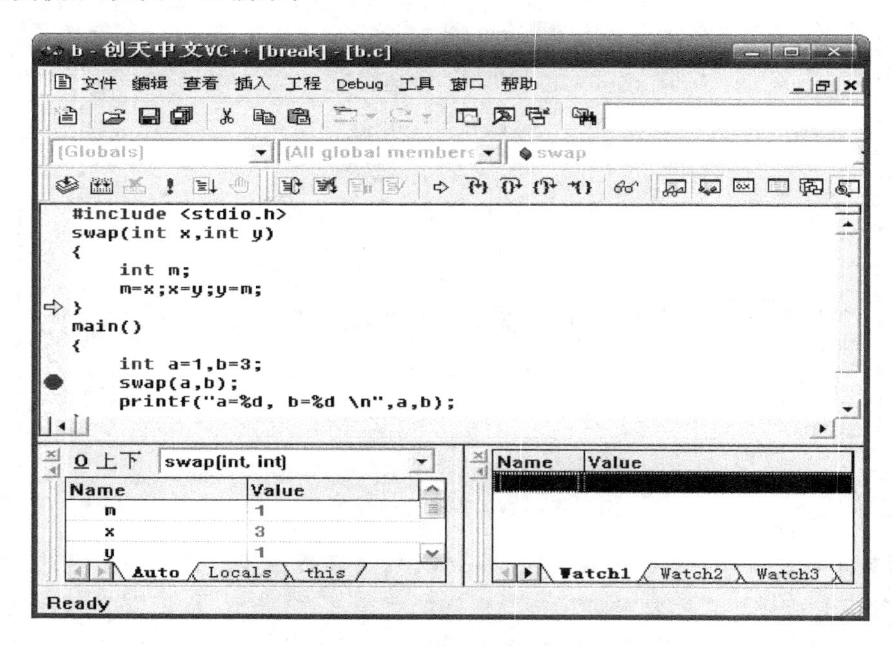

图 1-26 函数内部单步跟踪

那为什么输出的结果 a,b 的值没有调换呢？我们接下来再去单步跟踪。

这时再按 F10 键，程序返回到主函数调用 swap() 函数处，你会发现 a,b 的值并没有改变，如图 1-27 所示。

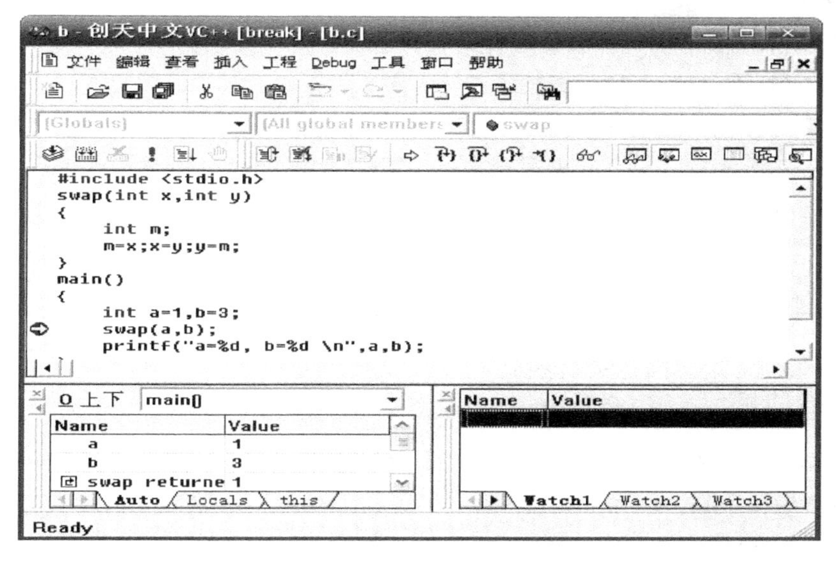

图 1-27 函数调用返回

为什么呢？难道 x,y 和 a,b 没有关联？这时回想函数传值调用的特点就会想到，虽然 a,b 获得了 x,y 的值，但是它们并不是关联的，所以虽然 x,y 的值交换了，但是 a,b 的值并没有相应交换。要想形参和实参相关联，要用传地址的方法，只要把 swap() 函数改为传地址调用就可以了，如图 1-28 所示。

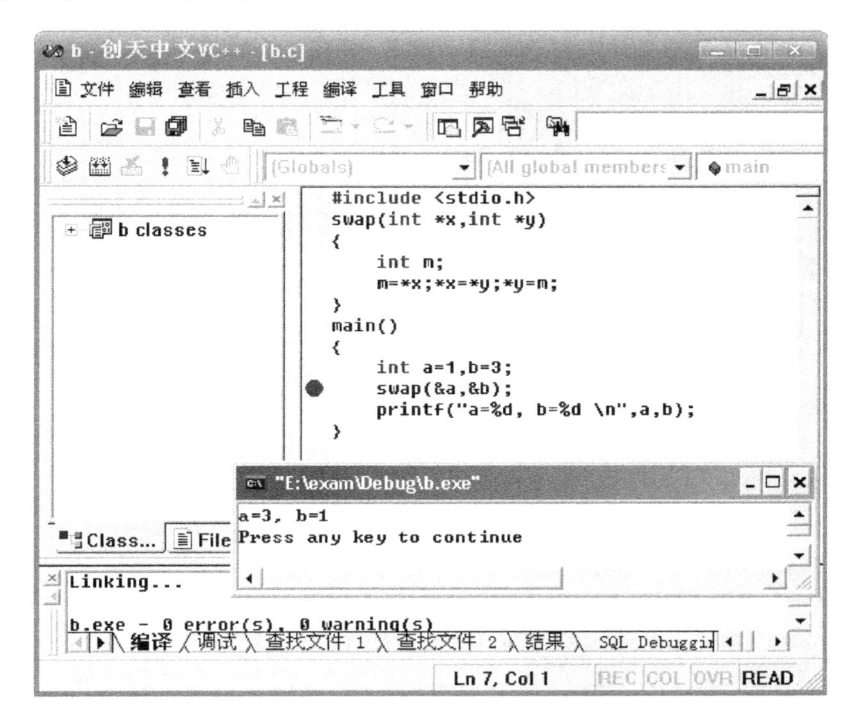

图 1-28 函数的传地址调用

以上只是简单介绍了常用的动态调试方法，其实很多调试命令都不是独立的，都可以在调试的时候联合使用，比如F10（单步跟踪）和F11（执行到函数内部）常联合使用，另外Ctrl+F10（执行到光标处）等调试命令也很常用。其实，VC还提供了许多其他调试手段和监视手段，这里不一一介绍了。

1.4 使用VS 2017编写C语言程序

本节学习如何在VS 2017中编写程序输出“Hello World!”，程序代码如下：

```
#include <stdio.h>
int main()
{  puts("Hello World!");
   return 0;
}
```

1.4.1 创建项目

在VS 2017下开发程序首先要创建项目，不同类型的程序对应不同类型的项目，初学者应该从控制台程序学起。

打开VS 2017，在菜单栏中依次选择“文件→新建→项目”，如图1-29所示；也可以直接按下Ctrl+Shift+N组合键，两种方法都会弹出图1-30所示的对话框。

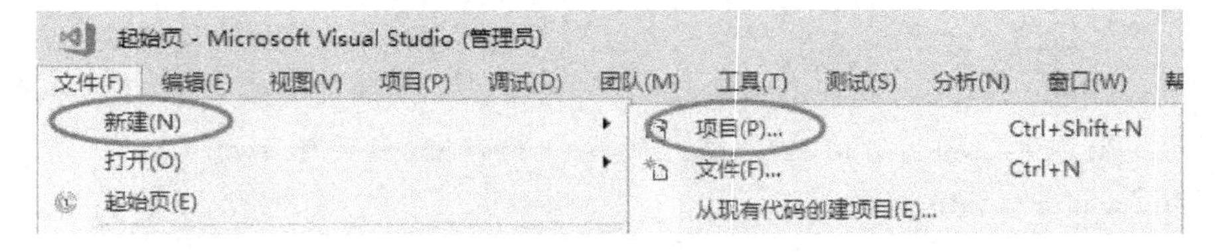

图1-29 依次选择“文件→新建→项目”

图1-30 “新建项目”对话框

如图1-30所示，选择“空项目”，填写好项目名称，选择好存储路径，初学者可取消勾选“为解决方案创建目录”，单击“确定”按钮即可。

注意：这里一定要选择“空项目”而不是“Windows 控制台应用程序”，因为选择后者会导致项目中自带很多莫名其妙的文件，不利于初学者对项目的理解。另外，项目名称和存储路径中最好不要包含中文字符。

单击“确定”按钮后，会直接进入项目可操作界面，如图 1-31 所示，我们将在这个界面中完成所有的编程工作。

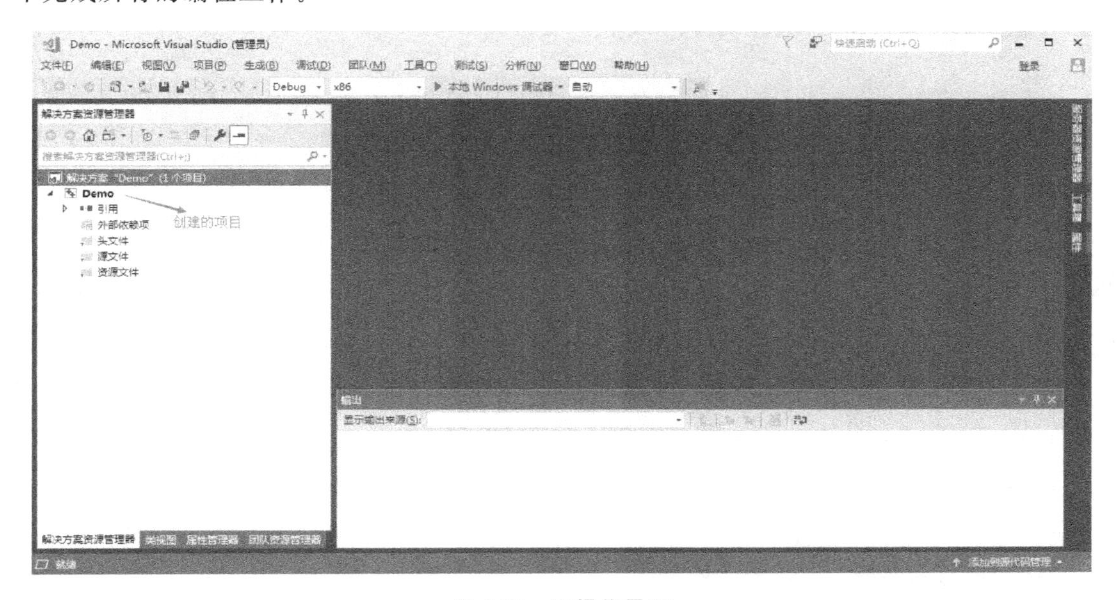

图 1-31　可操作界面

有兴趣的同学可以打开项目的存储路径(这里的项目存储路径为 D:\Demo\)，这时会发现多了一个 Demo 文件夹，这就是存储整个项目的文件夹。

1.4.2　添加源文件

在“源文件”处右击鼠标，在弹出的快捷菜单中选择“添加→新建项”，如图 1-32 所示；或者直接按下 Ctrl＋Shift＋A 组合键，都会弹出添加源文件的对话框，如图 1-33 所示。

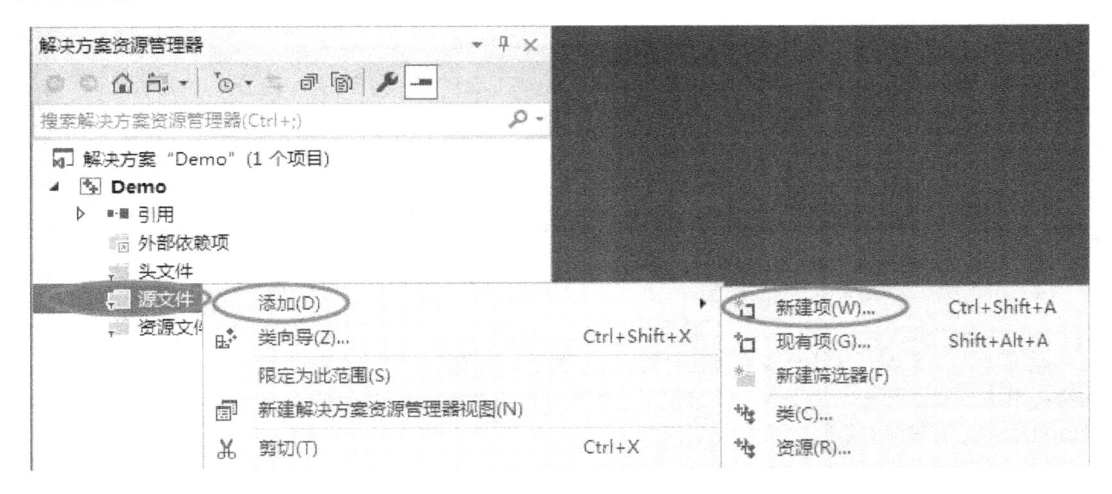

图 1-32　选择“添加→新建项”

图 1-33 添加源文件的对话框

在图 1-33 中，选择“C++文件(.cpp)”，编写 C 语言程序时，注意源文件后缀名为.c，单击“添加”按钮，就添加了一个新的源文件，如图 1-34 所示。

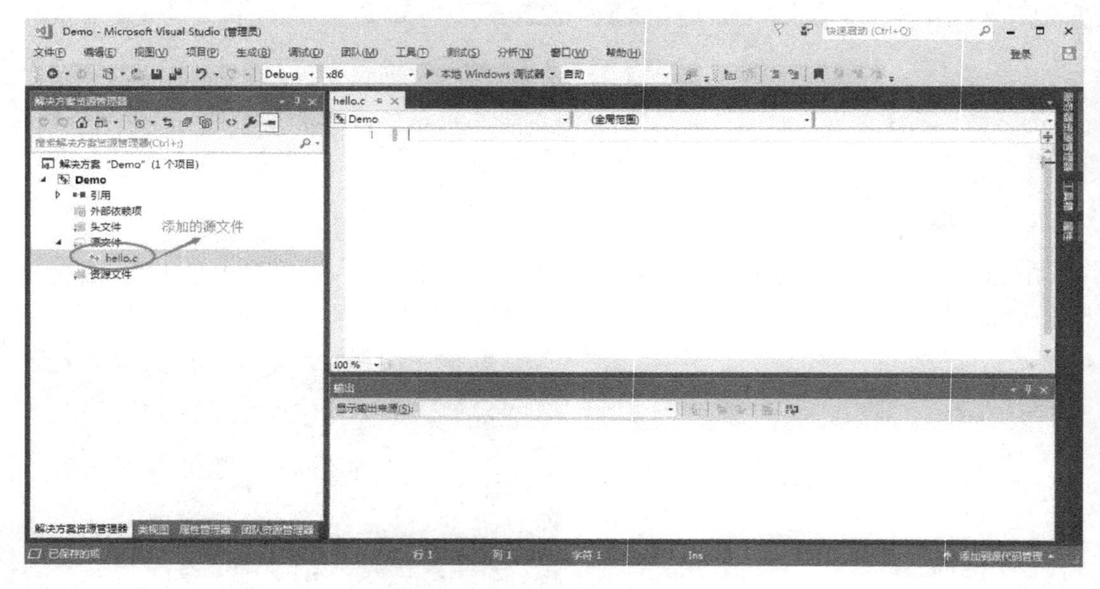

图 1-34 添加了一个新的源文件

注意:C++是在 C 语言的基础上进行的扩展，在本质上 C++已经包含了 C 语言的所有内容，所以大部分 IDE 会默认创建后缀名为.cpp 的 C++源文件。为了养成良好的习惯，编写 C 语言代码时，要创建后缀名为.c 的源文件。

1.4.3 编写代码并生成程序

打开 hello. c,将本节开头的代码输入该源文件中,如图 1-35 所示。

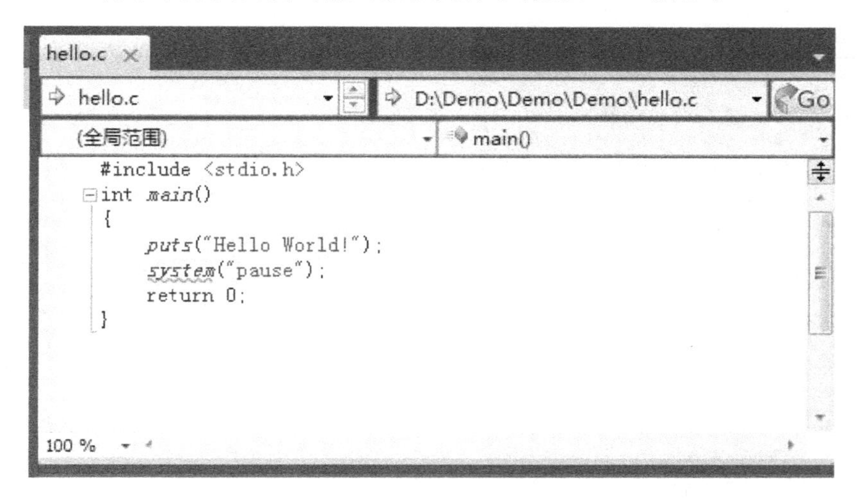

图 1-35 输入代码

注意:虽然可以将整段代码复制到编辑器,但是我们强烈建议大家手动输入,可能大家输入代码时会有各种各样的错误,只有把这些错误都纠正了,我们才会进步。

1.4.4 编译

在菜单栏中选择 "生成→编译"命令(见图 1-36),就完成了 hello. c 源文件的编译工作。

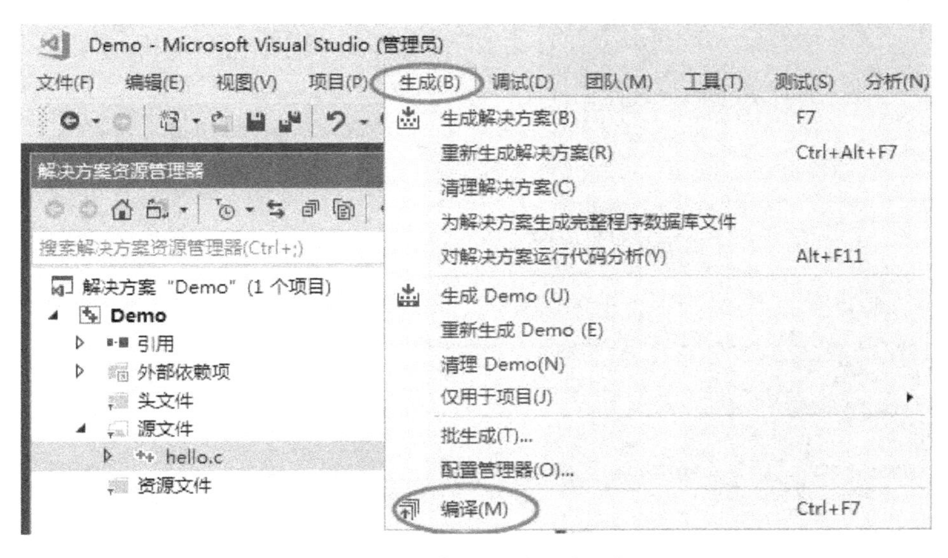

图 1-36 选择"生成→编译"

直接按下 Ctrl + F7 组合键,也能够完成编译工作,而且更加便捷。

如果代码没有任何错误,会在下方的输出窗口中看到编译成功的提示,如图 1-37 所示。

编译完成后,打开项目目录下的 Debug 文件夹,会看到一个名为 hello. obj 的文件,此文

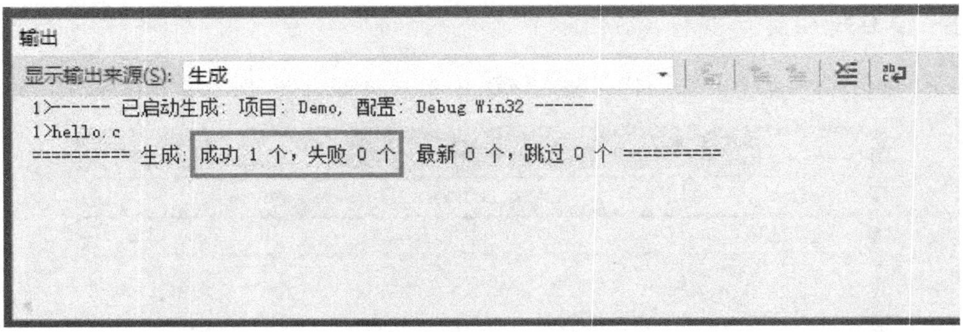

输出
显示输出来源(S): 生成
1>------ 已启动生成: 项目: Demo, 配置: Debug Win32 ------
1>hello.c
========== 生成: 成功 1 个，失败 0 个，最新 0 个，跳过 0 个 ==========

图 1-37　编译成功的提示

件就是经过编译产生的中间文件，即目标文件(object file)，在 VS 和 VC 下，目标文件的后缀都是.obj 。

1.4.5　连接

在菜单栏中选择“生成→仅用于项目→仅链接 Demo”(见图 1-38)，就完成了 hello.obj 的连接工作。

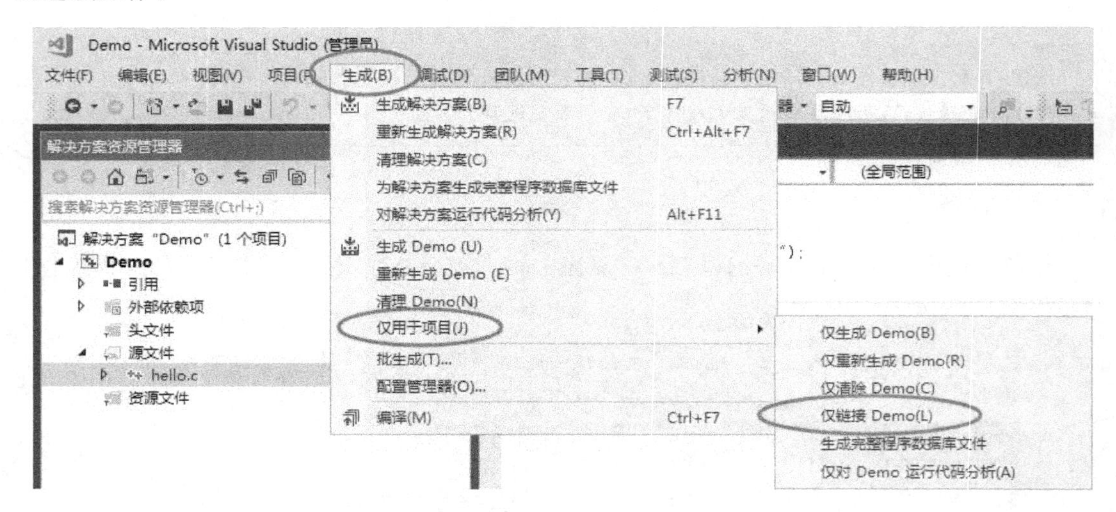

图 1-38　选择“生成→仅用于项目→仅链接”

如果代码没有错误，会在下方的输出窗口中看到连接成功的提示，如图 1-39 所示。

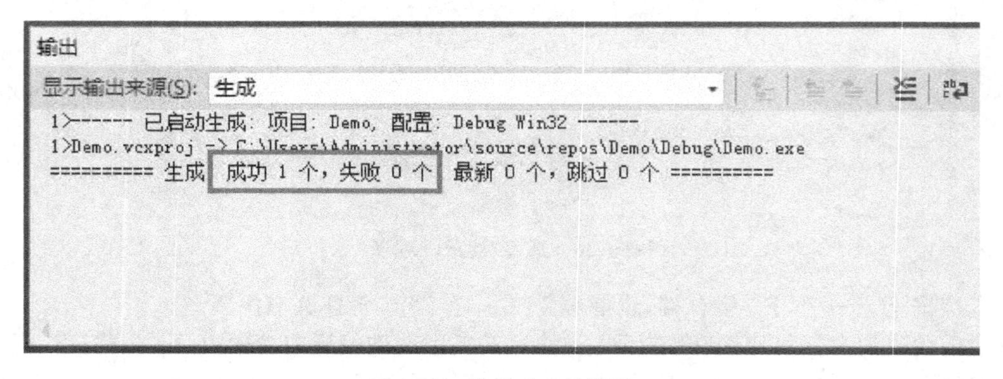

图 1-39　连接成功的提示

本项目中只有一个目标文件，连接的作用是将 hello. obj 和系统组件（静态链接库）结合起来，形成可执行文件。如果有多个目标文件，这些文件之间还要相互结合。

再次打开项目目录下的 Debug 文件夹，会看到一个名为 Demo. exe 的文件，这就是最终生成的可执行文件，就是我们想要的结果。

双击 Demo. exe 运行，并没有输出“Hello World!”几个字，而是看到一个黑色窗口一闪而过。这是因为，程序输出“Hello World!”后就运行结束了，窗口会自动关闭，时间非常短暂，所以看不到输出结果，只能看到一个“黑影”。

对上面的代码稍作修改，让程序输出“Hello World!”后暂停下来：

```
#include <stdlib.h>
int main()
{
    puts("Hello World!");
    system("pause");
    return 0;
}
```

system("pause")；的作用就是让程序暂停一下。注意代码开头部分还添加了 #include <stdlib. h> 语句，否则 system("pause")；无效。

再次编译并连接，运行生成 Demo. exe，终于看到输出结果了，如图 1-40 所示。

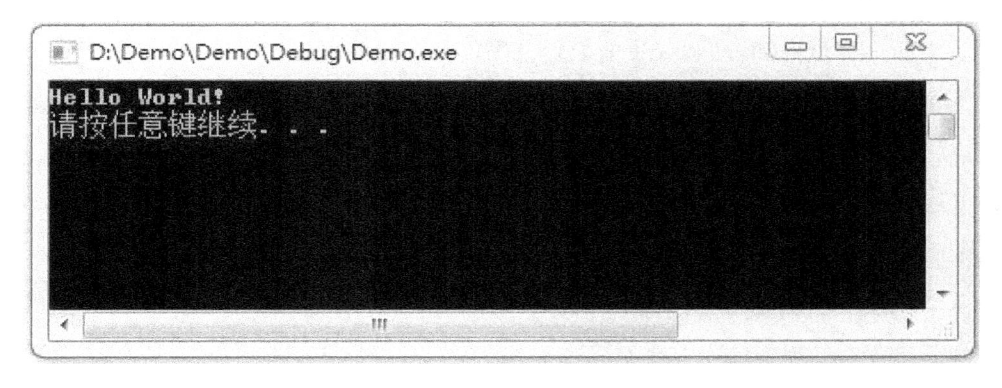

图 1-40　输出结果

按下键盘上的任意一个键，程序就会关闭。

总结上面的步骤，可以发现完整的编程过程是：

(1) 编写源文件：这是编程的主要工作，要保证代码的语法完全正确，不能有任何差错。

(2) 编译：将源文件转换为目标文件。

(3) 连接：将目标文件和系统库组合在一起，转换为可执行文件。

(4) 运行：可以检验代码的正确性。

第2章 C语言上机及实验指导

 2.1 数据类型、运算符和表达式实验

2.1.1 实验目的

(1) 了解C语言中数据类型的意义。

(2) 掌握不同数据类型之间的赋值规律。

(3) 学会有关C语言的运算符,以及包含这些运算符的表达式,特别是++和--运算符的使用。

(4) 掌握C语言类型转换的规律和方法。

2.1.2 实验指导

(1) 求两个变量的和,理解变量的取值范围以及溢出的概念。

```
#include <stdio.h>
main()
{
    int x,y,sum;
    scanf("%d,%d",&x,&y);
    sum=x+y;
    printf("The sum is:%d",sum);
}
```

调试该程序,在没有错误之后,采用下面的数据来测试上述程序:

① 2,6

② 1,3

③ −2,−6

④ −1,−3

⑤ 32800,33000

⑥ −32800,33000

⑦ 2147483647,0

⑧ 2147483647,1

⑨ 2147483647,2147483648

⑩ −2147483647,2147483648

a. 分析上述哪几组测试用例较好,通过测试,发现程序有什么错误了吗?若有错误,请指出错误原因。

b. 操作符sizeof用以测试一个数据或类型所占用的存储空间的字节数。请编写一个程序,测试各基本数据类型所占用的存储空间大小。

提示：求整型变量的内存所占字节数的表达式为sizeof(int)，结果在16位和32位编译环境中有区别。

对于上述程序，如果将 int 改为 char、float、double、short，分别使用上述数据测试，会得出什么结果？

如果将 scanf("%d,%d",&x,&y);改为 scanf("%d%d",&x,&y);，在输入的时候会出现什么现象？如果改为 scanf("x=%d,y=%d",&x,&y)呢？

如果在程序中将 int x,y,sum 改为两句 float x,y;int sum，然后将 scanf 改为 scanf("%f%f",&x,&y);，程序在编译时出现什么现象，执行时出现什么现象？若将 int x,y,sum 改为两句 double x,y;int sum，然后将 scanf 改为 scanf("%f%f",&x,&y);，程序在编译时出现什么现象，执行时又出现什么现象。

(2) 判断下列程序的输出结果，上机验证。

```
#include "stdio.h"
void main()
{
    int a=7,b=3,c=4;
    char d=127,e=23;
    float x1=5.0,y1=2.0;
    short x2=34,y2=25;
    long x3=451;
    int result1;
    double result2;
    char result3;
    result1=a/2+b;
    result2=a/2+b+x1/2;
    result3=d/2+e;
    printf("result1=%d\nresult2=%f\nresult3=%d\n",result1,result2,result3);
}
```

试分析每一个计算的结果，并说明原因。如果将 d 由 127 改为 128 会出现什么结果，分析原因。总结一下“+”运算符的结合性及数据类型转换的规则。

(3) 输入并运行下列程序。

```
#include "stdio.h"
main()
{
    char c1,c2;
    c1=97;c2=98;
    printf("%c%c\n",c1,c2);
}
```

在此基础上：

① 加一个 printf 语句 printf("%d,%d\n",c1,c2);，并运行之。

② 将第四行改为 int c1,c2;，再使之运行。

③ 将第五行改为 c1=300,c2=400;，再使之运行，并分析其运行结果。

④ 先在纸上写出程序运行结果，然后输入并运行程序，并把计算机运行结果与自己写的结果进行比较。

（4）输入并运行下列程序。

```
#include "stdio.h"
main()
{
  int i,j,m,n;
  i=8;
  j=10;
  m=++i;n=j++;
  printf("%d,%d,%d,%d\n",i,j,m,n);
}
```

分别做如下改动并运行。

① 将第七行改为：m＝i＋＋;n＝＋＋j;

② 程序改为：

```
main()
{
    int i,j;
    i=8;
    j=10;
    printf("%d,%d\n",i++,j++);
}
```

③ 在②的基础上，将 printf 语句改为：printf("%d,%d\n",＋＋i,＋＋j);

④ 再将 printf 语句改为 printf("%d,%d,%d,%d\n",i,j,i＋＋,j＋＋);

⑤ 程序改为：

```
main()
{
    int i,j,m=0,n=0;
    i=8;j=10;
    m+=i++;n- =--i;
    printf("i=%d,j=%d,m=%d,n=%d\n",i,j,m,n);
}
```

分析其运行结果，判断其与自己想的是否有出入。

2.1.3 上机练习

（1）编写程序实现如下结果：

```
*
***
*****
*******
*****
***
*
```

（2）编写程序实现求 3 个数的平均值。

（3）编写程序实现下面的功能。

用户输入一个华氏温度，要求输出对应的摄氏温度。华氏温度转化为摄氏温度的公式为：

$$C=\frac{5}{9}\times(F-32)$$

要求按照下面的格式输出结果。假设输入的华氏温度为100，则输出（保留两位小数）为100(F)=37.78(C)。

（4）输入三角形的两条边长a和b以及这两条边的夹角C（以度为单位），求另一条边长c（余弦定理）。

2.2 顺序结构程序设计

2.2.1 实验目的

（1）掌握C语言的表达式语句、空语句、复合语句。

（2）熟悉函数调用语句，尤其是输入输出函数调用语句。

（3）熟悉顺序结构程序中语句的执行过程。

（4）能设计简单的顺序结构程序。

2.2.2 实验指导

（1）输入并运行下列程序。

```
#include <stdio.h>
void main()
{
    int n,x1,x2,x3,m;
    printf("please input n:");
    scanf("%3d",&n);
    x1=n/100;
    x2=n/10%10;
    x3=n%10;
    m=x3*100+x2*10+x1;
    printf("m=%d",m);
}
```

采用单步执行方式，得出每一步变量的结果。运行时输入一个3位的整数，分析程序的功能。单步执行的方式是：在Visual C++ 6.0中，单击F10键就可以单步执行程序，每执行一步，在信息输出窗口中查看变量的值。

（2）完成以下填空，并把程序调通，写出运行结果。

下面的程序计算由键盘输入的任意两个整数的平均值：

```
main()
{  int x,y;
    ____________;
    scanf("%d,%d",&x,&y);
    ____________;
    printf("The average is :%f ",a);
}
```

（3）指出以下程序的错误并改正，上机把程序调通。

```
main();
{
    int a;
    a=5;
    printf("a=%d,a)
}
```

（4）先分析以下程序的运行结果，然后上机验证。

```
main()
{
    int a=3,b=4,c=5,x,y,z;
    x=c,b,a;
    y=!a+b<c&&(b!=c);
    z=c/b+((float)a/b&&(float)(a/c));
    printf("\n x=%d,y=%d,z=%d",x,y,z);
    x=a||b--;
    y=a-3&&c--;
    z=a-3&&b;
    printf("\n%d,%d,%d,%d,%d",a,b,c,x,y,z);
}
```

2.2.3 上机练习

（1）编写程序实现下面的功能。

输入三角形三边 a，b，c 的值，计算并输出三角形的面积。三角形的面积公式为：

$$A=\sqrt{s(s-a)(s-b)(s-c)}$$

$$s=\frac{a+b+c}{2}$$

可能用到的函数是 sqrt(x)，该函数是求平方根，定义在 math.h 头文件中。函数的格式是 double sqrt(double)；。

（2）编写程序实现将“China”译成密码，译码规律是：用原来字母后面的第 3 个字母代替原来的字母。例如，字母“A”后面第 3 个字母是“D”，用“D”代替“A”。因此，“China”应译为“Fklqd”。请编一程序，用赋初值的方法使 c1、c2、c3、c4、c5 五个变量的值分别为‘C’、‘h’、‘i’、‘n’、‘a’，经过运算，使 c1、c2、c3、c4、c5 分别变为‘F’、‘k’、‘l’、‘q’、‘d’并输出。输入程序，并运行该程序，分析结果是否符合要求。

2.3 选择结构程序设计

2.3.1 实验目的

（1）理解 C 语句表示逻辑量的方法（以 0 代表“假”，以 1 代表“真”）。

（2）了解用不同的数据使程序的流程覆盖不同的语句、分支和路径。

（3）学会正确使用逻辑运算符和逻辑表达式。

（4）熟练掌握 if 语句和 switch 语句。

（5）熟悉选择结构程序中语句执行过程。

2.3.2 实验指导

(1) 运行程序,理解该程序的功能。

```
#include "stdio.h"
void main()
{
    int a,b;
    printf("Please input your userno:\n");
    scanf("%d",&a);
    printf("please input your password:\n");
    scanf("%d",&b);
    if(a=8)
    {
        printf("your number has been registed.\n");
        if(b=5)
        {
            printf("You access to this system! \n");
        }
        else
        {
            printf("the password is error,can not login system\n");
        }
    }
    else
    {
        printf("It's not a valid user.");
    }
}
```

对上述程序进行调试,并输入下列数据测试程序的正误:

① 6,4;

② 8,4;

③ 8,5。

同时,试分析 if 判断条件是逻辑表达式还是赋值表达式,C 语言怎样确定逻辑真和逻辑假。

(2) 分析下面程序,掌握关系及逻辑表达式的运算规则。

```
#include "stdio.h"
void main()
{  int a=3,b=5,c=8;
   if(a++<3&&c--!=0)  b=b+1;
   printf("a=%d\tb=%d\tc=%d\n",a,b,c);
}
```

注意:该程序中的条件判断表达式 a++<3 && c--! =0 是一个逻辑表达式,关系表达式 a++<3 的值为假,因此后一部分 c--! =0 就不再计算。

试将第 4 行语句分别改为下列三种情况:

① if(c--!=0 && a++<3) b=b+1;

② if(a++<3 || c--!=0) b=b+1;

③ if(c--!=0 || a++<3) b=b+1;

比较这三种情况下的运行结果。

(3) 输入下面两段程序并运行,掌握 case 语句中 break 语句的作用。分别从键盘上输入1 3 5,写出程序运行的结果。

```
#include "stdio.h"
void main()
{ int a,m=0,n=0,k=0;
scanf("%d",&a);
switch(a)
{ case  1:m++;
  case  2:
  case  3:n++;
  case  4:
  case  5:k++;
}
printf("%d,%d,%d\n",m,n,k);
}
```

```
#include "stdio.h"
void main()
{ int a,m=0,n=0,k=0;
scanf("%d",&a);
switch(a)
{ case 1:m++;break;
  case 2:
  case 3:n++;break;
  case 4:
  case 5:k++;
}
printf("%d,%d,%d\n",m,n,k);
}
```

2.3.3 上机练习

(1) 编写程序实现用户从键盘输入一个年号,判断该年是不是闰年。是闰年就输出该闰年的信息,否则输出不是闰年的信息。

注意:一个年份是不是闰年的判别方法是:如果一个年号能被 4 整除,但不能被 100 整除,则是闰年;或者一个年号能被 400 整除,也是闰年;其他的就是平年。

(2) 编写程序,从键盘上输入 x 的值,按下式计算 y 的值。

$$y=\begin{cases} x & x<1 \\ 2x-1 & 1\leqslant x<10 \\ 3x-11 & x\geqslant 10 \end{cases}$$

编程提示:注意逻辑表达式的正确表达方法,数学中的 $1\leqslant x<10$ 应使用 C 语言的逻辑表达式(x>=1 && x<10)来表示。

(3) 编写程序,给出一个百分制成绩,要求输出相应的等级 A、B、C、D、E。90 分以上为'A',80~89 分为'B',70~79 分为'C',60~69 分为'D',60 分以下为'E'。

编程提示:先定义一个整型变量存放百分制成绩,定义一个字符型变量存放相应的等级成绩;将百分制成绩按 10 分分档,作为 switch 语句中括号内的表达式;输出转换后的等级成绩。

(4) 求一个一元二次方程 $y=ax^2+bx+c$ 的根,系数 a,b,c 从键盘输入。要求考虑实根、复根和无根的情况。

2.4 循环结构程序设计

2.4.1 实验目的

(1) 掌握用 while 语句、do…while 语句和 for 语句实现循环的方法。

(2) 理解循环嵌套及其使用方法。

(3) 掌握 break 语句与 continue 语句的使用。

(4) 掌握用循环实现一些常用算法,如穷举、迭代、递推等。

(5) 进一步练习程序的跟踪调试技术。

2.4.2 实验指导

(1) 运行下列程序。

```
#include <stdio.h>
void main()
{
    int i,j;
    for(i=0;i<3;i++)
    {
        printf("############### i=%d############### \n",i);
        for(j=0;j<4;j++)
        {
            printf("===============j=%d===============\n",j);
        }
    }
}
```

① 运行调试上面的程序,看看外循环执行了多少次,内循环执行了多少次,内、外循环执行的次数与 i,j 循环变量上、下限的关系。

如果希望内循环一次也不执行,程序如何修改?

如果希望内循环仅执行一次,程序如何修改?

如果希望在外循环执行第 m 次时,内循环执行 m 次,即外循环执行第 0 次时,内循环执行 0 次,外循环执行第 1 次时,内循环执行 1 次,程序如何修改?

如果将外循环改为如下:

```
i=0;
for(;i<3;)
{
    printf("###############i=%d###############\n",i);
    for(j=0;j<4;j++)
    {
        printf("===============j=%d===============\n",j);
    }
    i++;
}
```

执行程序看看有什么情况发生,它和最初输入的程序结果是否有区别?

外循环 for(;i<3;)语句中间的分号可以去掉吗?如果去掉其中的一个编译时会有什么现象发生?

将外循环 for(;i<3;)改为 while(i<3),程序能运行吗?结果和刚才的有什么不同?

② 修改程序如下:

```
#include <stdio.h>
void main()
{
```

```
        int i,j;
        i=0;
        while(i<3)
        {
            printf("###############i=%d###############\n",i);
            j=0;
            while(j<4)
        {
            if(j/2==1)break;
            printf("==============j=%d===============\n",j);
            j++;
        }
            i++;
        }
    }
```

如果将

```
    if(j/2==1)break;
```

改为

```
    if(j/2==1)continue;
```

执行程序会出现什么结果,试分析 break 和 continue 的区别。

(2) 运行下面程序的功能是计算 n!。

```
    #include <stdio.h>
    main()
    {
        int i,n,s=1;
        printf("Please enter n:");
        scanf("%d",&n);
        for(i=1;i<=n;i++)
        s=s*i;
        printf("%d!=%d",n,s);
    }
```

首次运行先输入 n=8,输出结果为 8! =40320,这是正确的。为了检验程序的正确性,再输入 n=20,输出为 20! =-2102132736,这显然是错误的。分析产生这种现象的原因,把程序改正过来。

(3) 下面程序是用穷举法求出 100～300 间的素数和,请把程序补充完整。

所谓穷举法,就是列举出所有可能的情况,逐个判断找出符合条件的解。在程序设计中往往使用多重循环实现。


```
    #include "stdio.h"
    main()      //求 100～300 间的素数和
    {
        int i,j,flag,sum=0;
        for( i=100;i<=300;i++)
        { flag=0;
            for( j=2;j<=i-1;j++)
            if( i%j==0) { flag=1;break;}
          if(________) sum+=i;
```

```
    }
    printf("The sum is%d\n",sum);
}
```

(4) 用递推法计算 $s=\sum_{i=1}^{n}t_i=\sum_{i=1}^{n}\frac{x^n}{i!}$ 的值。

递推法的基本思想就是利用前一项的值推算出当前项的值。按照题意，递推公式如下：

$$s=t_1+\sum_{i=2}^{n}\frac{x^{i-1}}{(i-1)!}\cdot\frac{x}{i}=t_1+\sum_{i=2}^{n}t_{i-1}\cdot\frac{x}{i}$$

其中 $t_1=x$。

根据以上递推公式，编程如下：

```
main ()
{
    int i,n;
    float s,t,x;
    printf ("\n n,x=?");
    scanf ("%d,%f",&n,&x);
    t=x;  s=x;
    for (i=2;i<n;i++)
    {
        t=t*x/i;//递推公式
        s+=t;
    }
    printf ("\n s=%f",s);
}
```

请按以下步骤操作和思考：

① 分析程序，分析递推算法的实现过程，体会递推算法的优缺点。程序中，语句 t=t * x/i是实现递推的关键，其中右边的 t 代表前一项 t_{i-1} 的值，左边的 t 代表当前项的值。

② 修改程序，计算 $s=\sum_{i=1}^{n}\frac{1}{i!}$ 的值。

2.4.3 上机练习

(1) 编写程序实现如下功能：有一数列：2/1,3/2,5/3,8/5,…，求出这个数列的前 10 项之和。

(2) 试编写程序求 100 以内的完数。如果一个数的各个因子之和等于这个数本身，则该数为完数。

(3) 编写程序要求能输入 10 个学生的成绩，并且计算这 10 个学生的总成绩和平均成绩。在输入成绩时，如果输入的数据大于 100 或者小于 0 则提示输入错误，并要求重新输入。

(4) 计算 $s_n=a+aa+\cdots+a\cdots a$，其中 a 是 1～9 中的一个数字，n 为一正整数，a 和 n 均从键盘输入。例如：输入 n=4、a=8，则 $s_n=8+88+888+8888$。

(5) 打印所有的“水仙花数”。“水仙花数”是一个三位数，其各位数立方和等于该数本身。

2.5 数组的应用

2.5.1 实验目的

(1) 掌握一维数组和二维数组的定义、数组元素的引用形式和数组的输入输出方法。

（2）掌握字符数组和字符串函数的使用。

（3）掌握与数组有关的算法，如查找、插入、删除和排序等。

2.5.2 实验指导

（1）编写如下程序并运行。

```
#include <stdio.h>
#define  N  6
void main()
{
int i,j,a[N],sum;
sum=0;
j=0;
for(i=0;i<N;i++)
      scanf("%d",&a[i]);
    for(i=0;i<N;i++)
        { printf("%d",a[i]);
          j++;
          if(j%3==0)
          printf("\n");
        }
      for(i=0;i! =N;i++)
      sum+=a[i];
      printf("sum=%d\n",sum);
  }
```

运行程序，根据结果分析程序，说明程序的作用，对于其中的各类变量的作用和循环结构的运行方式要详细说明。采用动态跟踪的方法体会数组元素的变化，体会一维数组的应用。

（2）编写如下程序并运行。

```
#include<stdio.h>
main()
{  int a[20],i,j,t;
    for(i=0;i<20;i++)     scanf("%d",&a[i]);
    for(j=1;j<=19;j++)
        for(i=0;i<20-j;i++)
            if(a[i]>a[i+1])
            {    t=a[i];  a[i]=a[i+1];  a[i+1]=t;  }
    for(i=0;i<20;i++)     printf("%5d",a[i]);
}
```

本程序是一个用冒泡排序法实现的数组排序程序，运行程序，根据结果分析程序，对于其中的各类变量的作用和循环结构的运行方式要详细说明。总结排序程序的规律，再用其他方法对数组排序，方法越多越好。必须掌握的排序算法有冒泡排序法、选择排序法、插入排序法等。

（3）利用二维数组实现方阵的转置，请填空并运行程序。

```
#include "stdio.h"
void main()
```

```
{ int i,j,temp;
  int a[3][3];
for(i=0;i<3;i++)
    {  for(j=0;j<3;j++)
    scanf("%d",&a[i][j]);
    }
printf("\n原来的矩阵为:\n");
for(i=0;i<3;i++)
      { for(j=0;_____;j++)  printf("%7d",a[i][j]);
      printf("\n");
      }
    for(i=0;i<3;i++)
      { for(j=0;_______;j++)
      { temp=a[i][j];a[i][j]=a[j][i];a[j][i]=temp;}
      }
    printf("\n转置后的矩阵为:\n");
    for(i=0;i<3;i++)
      { for(j=0;j<3;j++)  printf("%7d",a[i][j]);
      _________;  }              /*输出一行后要换行*/
  }
```

本程序是关于二维数组的程序，复习二维数组的定义、初始化、引用等知识，要熟练运用二维数组的下标。运行下面程序，根据结果分析程序，对于其中的各类变量的作用和循环结构的运行方式要详细说明。请说明二维数组中各元素在内存中的存储结构，结合具体的数据类型进行说明。

(4) 下面程序的功能是实现将两个字符串连接起来并输出结果，注意不使用 strcat 函数。请填空并运行程序。

```
#include "stdio.h"
void main()
{  char str1[100],str2[100];
    int i=0,j=0;
    printf("please input the string1:");
    scanf("%s",str1);
    printf("please input the string2:");
    gets(str2);
    for(i=0;str1[i]!='\0';i++);          /*注意,此处空语句不可少*/
    for(j=0;str2[j]!='\0';j++)
      { str1[i]=str2[j];
        i++;
      }
    ________;                        /*给出新的字符串的结束符*/
    printf("theconnected string is%s",str1);
}
```

本程序是关于字符串和字符数组的程序，复习字符串和字符数组的定义、初始化、引用等知识，要熟练掌握字符数组的输入输出和结束标记。编辑、运行该程序，然后分别输入 Country 和 side。根据结果分析程序，对于其中的各类变量的作用和循环结构的运行方式要详细说明。请说明字符数组中各元素在内存中的存储结构。

(5) 下面程序的功能是用 strcat 函数实现将字符串 2 连接到字符串 1 的后面并输出，请补充完整。

```
#include "stdio.h"
void main()
{   char str1[80]=" Country",str2[80]=" side";
    printf("String1 is:%s\n",str1);
    printf("String2 is:%s\n",str2);
    ________;              /*使用 strcat 函数实现,注意其格式*/
    printf("Result is:%s\n",str1);
}
```

本程序是关于字符串库函数的使用，在使用时注意与不使用字符串库函数进行对比区分。

2.5.3 上机练习

(1) 数组中已存互不相同的 10 个整数，从键盘输入一个整数，输出与该值相同的数组元素下标。

编程点拨：

① 输入要查找的变量 x 的值；

② 使用循环将输入的数和数组元素逐个进行比较，若找到，则提前退出循环；

③ 根据循环是正常结束还是提前结束来判断是否找到 x。

(2) 编写程序，任意输入 10 个整数的数列，先将整数按照从大到小的顺序进行排序，然后输入一个整数插到数列中，使数列保持从大到小的顺序。

编程点拨：

① 定义数组时多开辟一个存储单元；

② 找合适的插入位置。

(3) 输入 10 个互不相同的整数并存放在数组中，找出最大元素，并删除。

编程点拨：

① 求最大值所在元素下标：不必用 max 记住最大值，只要用 k 记住最大值所在的元素下标。

② 删除最大值：从最大值开始将其后面元素依次前移一个位置。

(4) 打印如下杨辉三角形：

```
1
1    1
1    2    1
1    3    3    1
1    4    6    4    1
1    5    10   10   5    1
```

编程点拨：

杨辉三角形有如下特点：

① 只有下半三角形有确定的值；

② 第一列和对角线上的元素值都是 1；

③ 其他元素值均是前一行同一列元素与前一行前一列元素之和。

(5) 任意输入两个字符串(如“abc 123”和“china”)，并存放在 a，b 两个数组中；然后把较短的字符串放在 a 数组，较长的字符串放在 b 数组并输出。

2.6 函数的应用

2.6.1 实验目的

（1）掌握C语言函数定义及调用的规则。
（2）理解参数传递的过程。
（3）掌握C语言函数的声明及函数的嵌套调用和递归调用。
（4）掌握全局变量和局部变量以及静态变量的概念和使用方法。

2.6.2 实验指导

（1）下列程序的功能是从键盘上输入的若干个数按升序排序。请调试检查该程序中的错误，记录系统给出的出错信息，并指出出错原因。

```
#include <stdio.h>
void main( )
{int i,k;
float  s[100],j;
printf(" Input number: \n");
for (i=0;scanf("%f",&j);i++)
s[i]=j;
sort(s,i);
for (k=0;k<i;k++)
printf( "%f",s[k]);
printf("\n");
}
void sort( int  x[n],int  n)
{ int i,j,temp,min;
  for ( i=0;i<n-1;i++)
  {  min=i;
     for(j=i+1;j<n;j++)
     if ( x[j] <x[min])
     min=j;
     if(min! =i)
          {  temp=x[i];
             x[i]=x[min];
             x[min]=temp;
          }
  }
}
```

错误提示：形参和实参的数据类型不一致；一般形参数组在说明时不指定数组的长度，而仅给出类型、数组名和一对方括号；用户自定义函数 sort()没有声明过。注意 for (i=0; scanf("%f",&j);i++)这一行中 for 语句第二个表达式的使用形式，此处用了 scanf()函数的输出来结束循环。请读者查阅相关资料，看看什么时候 scanf()函数返回 0，此时就可以结束循环。

（2）编写如下程序并运行。

```
#include <stdio.h>
void main()
{   void fun(int i,int j,int k);
    int x,y,z;
    x=y=z=6;
    fun(x,y,z);
    printf("%x=%d;y=%d;z=%d\n",x,y,z);
}
void fun(int i,int j,int k)
{   int t;
    t=(i+j+k)*2;
    printf("t=%d\n",t);
}
```

调试该程序，通过调试该程序，熟悉函数的调用方法及单步跟踪键 F10 和 F11 的不同。

(3) 阅读下列递归程序，其功能是什么？上机调试，写出整个递归值传递过程。

```
#include <stdio.h>
void main(  )
{   int m,k;
    void dtoo( int  n,int r);
    printf("Pleae input the decimal number:");
    scanf("%d",&m);
    printf( "\nPlease input a number in (2,8,16):");
    scanf("%d",&k);
    dtoo(m,k);
}
void dtoo( int n,int r)
{   if(n>=r)  dtoo(n/r,r);
    printf("%d",n%r);
}
```

(4) 下面程序的功能是：求二维数组 a 中的上三角元素之和。

例如，a 中的元素为：

4	4	34	37
7	3	12	8
5	6	5	52
24	23	2	10

程序的输出应为：The sum is:147。

请在程序中的横线上填入适当的内容，将程序补充完整。

```
#include "conio.h"
#include "stdio.h"
int arrsum( int arr[4][4])
{ int i,j,sum;
  sum=0;
  for( i=0;i<4;i++)
  for( _______;j<4;j++)
  sum+=arr[i][j];
  return (sum);
```

```c
    }
    void main()
    {  int a[4][4]={4,4,34,37,7,3,12,8,5,6,5,52,24,23,2,10},i,j;
       printf("The sum is:%d\n",________);}
```

(5) 将字符串1的第1,3,5,7,9,…位置的字符复制到字符串2并输出。

例如：当字符串1为"This Is a c Program"时，则字符串2为"Ti sacPorm"。

编程提示：

子函数：

① 函数的类型为void，函数中不使用return语句；

② 函数的形参应为两个字符型一维数组；

③ 函数体中使用循环结构，将字符串1中相应位置上的字符逐一复制到字符串2中，注意循环变量每次递增的数目。

main函数：

① 定义一个一维字符型数组；

② 为字符数组赋一个字符串；

③ 调用转换函数，以两个数组名做实参；

④ 输出转换后的字符数组的内容。

```c
#include "conio.h"
#include "stdio.h"
#include "string.h"
void fun(char str1[ ],char str2[ ])
{ int i,j;
  j=0;
  for(i=0;i<strlen(str1);i+=2)
  { str2[j]=str[i];
      j++;}
      str2[j]='\0';}
void main()
{ char str1[80]="This Is a c Program",str2[80];
  printf("String is:%s\n",str1);
  ________;
  printf("Result is:%s\n",str2);
}
```

(6) 输入下面的程序并分析运行结果。用F5单步执行，注意程序的执行过程，观察变量d,b的值，理解全局变量、局部变量以及静态局部变量的区别，理解各种局部变量的作用范围。

```c
#include "stdio.h"
int d=1;
fun(int p)
{  int d=5;static int b=1;
   d+=p++;
   b++;
   printf("%5d%5d",d,b);
}
main()
{  int a=3;  fun(a);
```

```
{   int d=16;   d+=a;
    printf("%5d",d); }
    d++;
    printf("%5d",d);
    fun(a);
}
```

2.6.3 上机练习

(1) 计算两个数的最大公约数和最小公倍数。

(2) 定义 N×N 的二维数组,并在主函数中自动赋值。编写函数 fun(int a[][N],int n),该函数的功能是:使数组右上半三角元素中的值乘以 m。

(3) 编写子函数 fun,函数的功能是:根据以下公式计算 s,计算结果作为函数值返回;n 通过形参传入。

$$s=1+1/(1+2)+1/(1+2+3)+\cdots+1/(1+2+3+\cdots+n)$$

例如:若 n 的值为 11,函数的值为 1.833333。

(4) 编写子函数 fun,它的功能是:求 Fibonacci 数列中大于 n(n>2)的函数值,结果由函数返回。其中 Fibonacci 数列 F(n)的定义为:

$F(0)=0, F(1)=1$

$F(n)=F(n-1)+F(n-2)$

假如:当 t=30 时,函数值为 832040。

2.7 指针的应用

2.7.1 实验目的

(1) 掌握指针的概念,会定义和使用指针变量。

(2) 掌握指针变量函数做参数时参数的传递过程及其用法。

(3) 掌握一维数组的指针、二维数组的指针、字符串的指针及其基本用法。

2.7.2 实验指导

(1) 输入两个整数,并使其从大到小输出,用函数实现数的交换。

```
#include <stdio.h>
void swap(int *p1,int *p2)
{   int p;
    p=*p1;
    *p1=*p2;
    *p2=p;
}
void main()
{   int a,b;
    int *p,*q;
    scanf("%d,%d",&a,&b);
    p=&a;q=&b;
    if(a<b) swap(p,q);
    printf("\n%d,%d\n",a,b);
}
```

主函数中的 a、b 和 p、q 与 swap 函数中的 p1、p2 之间的关系如何？考虑这里函数参数的传递方式以及实参与形参的对应关系。

如果将 swap 函数修改为如下形式，分析如何调试和修改？

```
void swap(int *p1,int *p2)
{   int *p;
    *p=*p1;
    *p1=*p2;
    *p2=*p;
}
```

(2) 上机验证下列程序，并写出运行结果。

```
#include <stdio.h>
void main()
{
    int i,a[]={1,2,3},*p;
    p=a;        //将数组 a 首地址赋给指针 p
    for (i=0;i<3;i++)
    printf("%d,%d,%d,%d\n",a[i],p[i],*(p+i),*(a+i));
}
```

相关知识：

① 指针指向一维数组的方法；

② 指针表示数组元素的方法；

③ 数组元素的多种表示方法。

(3) 下列程序的功能是从键盘输入 10 个整数，然后求出其中的最小值。填写空缺部分。

```
#include <stdio.h>
int table[10];
void lookup(int *t,int *a,int n)
{
    int k;
    *a=t[0];
    for(k=1;k<n;k++)
    if(________) *a=t[k];
}
void main()
{
    int k,min,*p=&min;
    for (k=0;k<10;k++)
    scanf("%d",table+k);
    lookup(____,____,10);
    printf("min=%d\n",min);
}
```

相关知识：

① 用数组名加地址偏移量表示数组元素地址的方法；

② 数组名作为函数参数；

③ 指针变量作为函数参数。

(4) 求矩阵的上三角元素之和。

```
#include<stdio.h>
main()
{
  int a[3][4],*p,i,j,s=0;
  p=a[0];
  for(i=0;i<3;i++)
        for(j=i+1;j<4;j++)
            s+=p[i*4+j];  //或 s+=*(p+4*i+j);
  printf("\n%d",s);
}
```

相关知识:二维数组与指针的应用。静态分析上面程序及其运行结果,并通过此例体会通过指针变量引用二维数组元素的方法。

如果要求下三角或者主对角线元素之和,应该如何修改程序并上机运行验证。

(5) 运行下列程序,分析其功能,对每一行进行注释。

```
#include <stdio.h>
void main()
{
    char ch,*pc="C language program.",*p;
    printf("Enter a character:");
    scanf("%c",&ch);
    p=pc;
    while( *p!='\0' && *p!=ch)
        p++;
    if (*p==ch)
      printf("The character%c is%d-th\n",ch,p-pc+1);
    else
      printf("The character not found\n");
}
```

相关知识:

① 指针指向字符串的方法;

② 串结束符'\0'的使用;

③ 字符串中查找字符的算法。

2.7.3 上机练习

(1) 定义一个 M×M 矩阵,输入和输出矩阵。找出矩阵中的最大值和最小值,将最大值放到矩阵的中心,将最小值放到矩阵的首地址中。

(2) 利用指针实现将 10 个整数输到数组 a 中,然后将 a 逆序复制到数组 b 中,并输出 b 中各元素的值。

(3) 请编写程序,它的功能是:求出 ss 所指字符串中指定字符的个数,并返回此值。

例如,若输入字符串 123412132,输入字符 1,则输出 3。

(4) 请编写程序,该函数的功能是:判断字符串是否为回文。若是则函数返回 1,主函数中输出 YES;否则返回 0,主函数中输出 NO。回文是指顺读和倒读都一样的字符串。

例如,字符串 LEVEL 是回文,而字符串 123312 就不是回文。

2.8 结构体的应用

2.8.1 实验目的

（1）掌握结构体类型方法以及结构体变量的定义和引用。

（2）掌握指向结构体变量的指针变量的应用，特别是链表的应用。

（3）掌握结构体类型数组的概念和使用。

2.8.2 实验指导

（1）编写函数 print，打印一个学生的成绩数组，该数组中有 5 名学生的数据记录，每条记录包括 num、name、score[3]，用主函数输入这些记录，用 print 函数输出这些记录。

算法分析：依据题意，先定义一个包含三个成员项的结构体数组，在主函数中利用循环依次输入数据，并调用函数 print，完成输出数据的功能。

```
#define N5
#include <stdio.h>
struct student
{   char num[6];
    char name[8];
    int score[3];
    } stu[N];
void main()
{
    int i,j;
    void print(struct student stu[N]);
    for(i=0;i<N;i++)
    {
        printf("\nInput score of student%d:\n",i+1);
        printf("NO.:");scanf("%s",stu[i].num);
        printf("name:");
        scanf("%s",stu[i].name);
        for(j=0;j<=2;j++)
        {
            printf("score%d:",j+1);
            scanf("%d",&stu[i].score[j]);
        }
    printf("\n");
    }
    print(stu);
}
void print(struct student stu[N])
{
    int i,j;
    printf("\n NO.namescore1score2score3\n");
    for(i=0;i<N;i++)
```

```
        {
            printf("%5s%10s",stu[i].num,stu[i].name);
            for(j=0;j<=2;j++)
            printf("%9d",stu[i].score[j]);
            printf("\n");
        }
    }
```

编译、连接、运行成功后输入5名学生的数据，查看运行结果。

(2) 下面的程序是将指针用于结构数据动态链表操作的示例，请初步熟悉它们的使用方法。

```
#define NULL 0
#include <stdio.h>
#include <stdlib.h>
#define LEN sizeof (struct student)
struct student
{
    float score;
    struct student *next;
};/*定义结构*/
int n=3;/*共3个数据元素*/
float x;/*全局量 struct student 和 x */
struct student *creat() /*建立一个链表,返回指向链表首结点的指针(地址) */
{
    struct student *head,*p,*rear;
    inti;
    for (i=0;i <n;i++)
    {
        p=(struct student *)malloc(LEN);/*新创建的结点*/
        scanf("%f",&x);
        p->score=x;/*新结点赋值*/
        if (i==0)
        {
            head=p;/*head为首指针,rear为尾指针*/
            rear=p;
        }
        else
        {
            rear->next=p;
            rear=p;
        }
    }
    rear->next=NULL;
    return (head);
}
void print(struct student *head) /*遍历一个head为指针的链表*/
{
    struct student *p;p=head;
```

```
    while (p ! =NULL)
    {
        printf("%6.2f",p->score);p=p->next;
    }
    printf("\n\n");
    }
void main()
{
    struct student *head;
    printf("input score:\n");
    head=creat();/*建立单链表*/
    printf("Display the linklist:");print(head);/*遍历单链表*/
}
```

2.8.3 上机练习

(1) 要求编写程序:有4名学生,每名学生的数据包括学号、姓名、成绩,要求找出成绩最高者的姓名和成绩。

(2) 建立一个链表,每个结点包括的成员为职工号、工资。用一个creat函数来建立链表,同时打印出整个链表。5个职工号为101,103,105,107,109。

(3) 在上题基础上,新增加一个职工的数据,按职工号的顺序插入链表,新插入的职工号为106。写一个函数insert来插入新结点。

(4) 在上面的基础上,写一个函数delete,用来删除一个结点。要求删除职工号为103的结点。打印出删除后的链表。

2.9 文件的应用

2.9.1 实验目的

(1) 文件和文件指针的概念以及文件的定义方法。

(2) 了解文件打开和关闭的概念及方法。

(3) 掌握有关文件的函数。

2.9.2 实验指导

(1) 下列程序主要关于fopen()函数和fclose()函数的应用,上机调试并验证程序。

```
#include "stdio.h"
#include "stdlib.h"
void main()
{
    FILE *fp;
    char fileName[20];
    scanf("%s",fileName);
    if((fp=fopen(fileName,"r"))==NULL)
     //打开文件,对返回值为指针类型的情况需要进行空指针判断
```

```
    {
        printf("Can't open file\n");
        exit(0);//如果不能打开指定的文件,就退出程序
    }
    else
    {
        printf("%s was opened! \n",fileName);
    }
        fclose(fp);//与打开文件函数 fopen()一一对应
}
```

(2) 已知文本文件 f1.txt 中存放了未知个数(不超过 100)的考生数据(考号、姓名和考试成绩),存放格式是每行存放一个考生的数据,每个数据之间用空格隔开。假定录取名额是 10 人,请编写程序计算出录取分数线,并将录取分数线和被录取的考生数据按分数从高到低的顺序存放到文本文件 f2.txt 中。

```
#include <stdio.h>
struct STUDENT// 学生信息结构体
{
    char name[20];// 姓名
    int num;// 考号
    int score;// 考试成绩
};
void main()
{
    void sort(struct STUDENT *a,int n);
    int n=0,i=0;
    struct STUDENT stu[100];
    int scoreLine=0;
    FILE *fp=fopen("f1.txt","r");
    if(!fp) exit(0);// 打开该数据文件失败
    while (!feof(fp))
    {
        i=fscanf(fp,"%d%s%d",&stu[n].num,stu[n].name,&stu[n].score);
        if(i<3)  break;
        n++;
    }
    fclose(fp);
    if(n>0)
    {
        sort(stu,n);// 降序排序
        n=n>10 ? 10 :n;
        scoreLine=stu[n-1].score;// 录取分数线
        // 输出录取分数线及录取的考生信息到 f2.txt
        fp=fopen("f2.txt","w");
        if(!fp)  exit(0);// 打开该数据文件失败
```

```
        fprintf(fp,"录取分数线为:%5d,被录取的学生如下:\n 排名   考号      姓名
        考试成绩\n--------------------------------\n",scoreLine);
        for (i=0;i<n;i++)
        {
            fprintf(fp,"%-5d%5d%10s%10d\n",(i+1),stu[i].num,stu[i].name,stu[i].score);
        }
fclose(fp);
    }
}
//降序排序
void sort(struct STUDENT *a,int n)
{
    int i=0,j=0,k=0; // 选择法
    struct STUDENT t;
    for (i=0;i<n-1;i++)
    {
        for (j=i+1,k=i;j<n;j++)
        {
            if (a[j].score>a[k].score)  {  k=j;  }
        }
        if (k!=i)
        {  t=a[i],a[i]=a[k],a[k]=t;  }
    }
}
```

（3）有 3 个运动员进行体操比赛，3 个裁判打分。请从键盘输入数据（包括运动员的编号、姓名、3 个裁判的分数），并且计算出每个运动员的平均成绩，将原有数据和平均成绩保存在 gym 中。用 fwrite()函数将数据写到磁盘文件中，用 fread()函数读该文件，将数据读入内存中。上机调试并验证程序。

源码如下：

```
#include "stdio.h"
#include "stdlib.h"
struct gymnast
{
    char num[10];
    char name[10];
    float score[3];
    float ave;
}gym[3],sport[3];
void main()
{
    FILE *fp;
    int i;
    for(i=0;i<3;i++)
    {
        printf("NU MBER: ");scanf("%s",gym[i].num);putchar('\n');
```

```
        printf("NAME:  ");scanf("%s",gym[i].name);putchar('\n');
        printf("SCORE 1:");scanf("%f",&gym[i].score[0]);putchar('\n');
        printf("SCORE 2:");scanf("%f",&gym[i].score[1]);putchar('\n');
        printf("SCORE 3:");scanf("%f",&gym[i].score[2]);putchar('\n');
    }
    for(i=0;i<3;i++)
    {
        gym[i].ave=(gym[i].score[0]+gym[i].score[1]+gym[i].score[2])/3;
    }
    if((fp=fopen("gym.txt","w"))==NULL)
    {
        printf("Can't open file\n");
        exit(0);//如果不能打开指定的文件,就退出程序
    }
    for(i=0;i<3;i++)
    {
        fwrite(&gym[i],sizeof(struct gymnast),1,fp);
    }
    fclose(fp);
    if((fp=fopen("gym.txt","r"))==NULL)
    {
        printf("Can't open file\n");
        exit(0);//如果不能打开指定的文件,就退出程序
    }
    for(i=0;i<3;i++)
    {
        fread(&sport[i],sizeof(struct gymnast),1,fp);
        printf("\n%s%s%f%f%f%f\n",sport[i].num,sport[i].name,sport[i].score[0],
        sport[i].score[1],sport[i].score[2],sport[i].ave);
    }
    fclose(fp);
}
```

2.9.3 上机练习

(1) 从键盘输入一个字符串,然后将其以文件形式存到磁盘上,磁盘文件名为 file1.dat。

(2) 已知文本文件 f1 中存放有某市所有公民的有关性别和年龄的数据,文件 f1 中每行为一个公民的数据,共有 3 项,依次为:姓名(不超过 10 个字符)、性别(0 表示男,1 表示女)和年龄(整数)。每项之间以空格分隔。请编写程序分别找出其中 10 名男寿星和 10 名女寿星,并将 20 名寿星的数据以文本文件的方式存到文件 f2 中(先男后女)。

(3) 有 3 个运动员进行体操比赛,3 个裁判打分。请从键盘输入数据(包括运动员的编号、姓名、3 个裁判的分数),并且计算出每个运动员的平均成绩,将原有数据和平均成绩保存在 gym 中。按照运动员平均成绩高低顺序插入,然后存到 gymSort 中。

第 Ⅱ 部分

课程设计

第3章 C课程设计综合编程指导

我们在学习“C语言程序设计”课程时，通常是按章节进行的，每章的练习题都是为了配合当前章节内容，对于这些经过挑选的、有针对性的练习题，我们容易快速地找到设计思路，解决问题。而现实中的问题不是人为安排的，有的繁杂细碎，有的盘根错节，有的深奥高深，有的则是以上特点兼备。实际的问题通常都带有综合性质，不会像各章节的练习题那么单纯。课程设计要解决的问题，就是更加接近实际的带综合性质的问题。有没有什么方法可以让我们快速地解题呢？以下用例题说明几种在编程时常用的方法供读者参考。

3.1 逐步细化地设计算法，从易到难地编写程序

3.1.1 模块化编程

当问题的规模比较大时，我们可以采用模块化和逐步细化的设计方法，由粗略到精细，由简单到复杂，逐步接近我们的目标，逐步完成最终程序。

不论解决多么复杂的问题，解决方案的算法流程图都可以粗略地表示为图3-1。

输入数据
处理数据
输出处理结果

图3-1 问题的粗略算法流程图

根据流程图，程序功能分为三部分，对应三个模块。相应地，我们可以有以下程序代码。

例1

```
void func_1()
{printf("\n 输入数据 \n");}
void func_2()
{printf("\n 处理数据 \n");}
void func_3()
{printf("\n 输出处理结果 \n");}
main()
{
    func_1();
    func_2();
    func_3();
}
```

这是一个完整的程序，可以正常运行。只不过该程序运行后只显示三行文字，并没有文字所说明的功能，它既不能接收任何数据的输入，也没有处理和输出数据的能力。但是这个例题提供了一个算法框架和程序框架，在处理实际问题时，我们可以在这个粗略算法流程图的基础上，细化算法，扩充相应的程序，对功能模块（函数）逐一充实其功能，使程序功能逐步完善。

我们暂且将类似于例1这样的程序称为框架程序，其中的主函数称为主框架，其他没有实质功能只能显示一些文字的函数称为框架函数。编写与调试复杂程序时常用的做法是，先编写一个框架程序，框架程序测试通过后，再将部分框架函数扩充替换成具有实用功能的函数，调试程序，直到程序没有错误；然后选择其他框架函数进行扩充改造，再次调试运行程序，这样逐步细化，逐步调试运行，当所有的框架函数都被替换为真实的函数时，程序就实现了最终目标。

3.1.2 在不同模块间实现数据共享的方式

模块化编程将处理步骤进行分解，可以减小问题的规模。只有当数据能够在不同的处理模块之间正确地相互传递时，这种分解才有意义。程序的不同模块对同一数据的处理方式一致，有利于模块之间的衔接呼应和数据传递。下面以“输入一组整数进行排序处理并输出排序结果”为例，说明数据在不同模块间有效传递的通常做法。

1. 通过函数的参数在不同模块间传递数据

例 2

```
#include <stdio.h>
#define N 10
/*通过形参指针变量 x,输入整数到实参数组 a*/
void func_1(int *x,int n)
{   int i;
    printf("\n 请输入%d 个整数: \n",n);
    for(i=0;i<n;i++) scanf("%d",(x+i));
}
void func_2(int *x,int n)
{   int i,j,k,t;
    printf("\n 处理数据 —— 由大到小排序\n");
    for(i=0;i<n-1;i++)
    {
        k=i;
        for(j=i+1;j<n;j++)  if(*(x+k)<*(x+j))  k=j;
        t=*(x+i);*(x+i)=*(x+k);*(x+k)=t;
    }
}
void func_3(int *x,int n)
{
    int i;
    printf("\n 输出处理结果—— 排序后的数:\n");
    for(i=0;i<n;i++) printf("%d ",*(x+i));
    printf("\n");
}
main()
```

```
{
    int a[N];
    func_1(a,N);
    func_2(a,N);
    func_3(a,N);
}
```

例 2 也可以看作是对例 1 进行扩充的实例。

在例 2 中，三个函数具有相同的形参列表（一个指针变量，一个整型变量），它们的实际参数也相同，是主函数中定义的数组名及数组长度。三个函数的调用方式，都是通过形参指针变量访问主函数中所定义的实参数组中的元素。所以，三个函数处理的都是相同的一组数据，即 main 函数中数组 a 的元素。

2. 使用全局变量存储数据，不同函数共享全局变量的数据

例 3

```
#include <stdio.h>
#define N 10
int x[N]={0};/*全局变量数组定义并初始化 */
void func_1()
{   int i;
    printf("\n 输入%d 个整数：\n",N);
    for(i=0;i<N;i++) scanf("%d",(x+i));
}
void func_2()
{   int i,j,k,t;
    printf("\n 处理数据 —— 由大到小排序\n");
    for(i=0;i<N-1;i++)
    {   k=i;
        for(j=i+1;j<N;j++)  if(*(x+k)<*(x+j))  k=j;
        t=*(x+i);*(x+i)=*(x+k);*(x+k)=t;
    }
}
void func_3()
{
    int i;
    printf("\n 输出处理结果—— 排序后的数：\n");
    for(i=0;i<N;i++) printf("%d ",*(x+i));
    printf("\n");
}
main()
{   func_1();
    func_2();
    func_3();
}
```

例 3 中定义了全局数组 x[]，并且在函数外部进行了初始化。在主函数 main 中所调用的三个函数都没有参数，它们都是直接访问全局变量数组 x[]中的数据。

当程序中要处理的数据单一而且需要被多个函数所使用或者贯穿程序运行始终时，使用全局变量来存储这部分数据是比较合理和简便的。

3. 通过数据文件，在程序的两次运行之间传递数据

数据文件通常用来存储需要长期保存的数据。内存变量会随着程序运行的结束而撤销，它们的值也就无处寻觅；但是程序运行过程中存储到数据文件中的数据可以一直存在，不会随着程序运行的结束而消失。我们可以将运行程序所需的数据用文件形式保存起来。当程序开始运行时，首先从数据文件读取数据，作为内存变量的初始值；在程序结束前，再将内存变量的当时值写入数据文件，作为程序下次运行时的初始值。这样就能够通过数据文件，将程序本次运行结果传递到下一次，从而在程序的两次运行之间传递数据。在程序运行过程中，也同样可以使用数据文件实现不同函数之间的数据传递与共享。

3.2 给用户提供一个菜单，让程序功能一目了然

如果应用程序提供了多项可选的功能，可以把这些功能进行编号，以菜单形式陈列出来供用户选择。应用程序运行后，屏幕上列出功能编号和对应的说明文字，如果用户不做任何操作，程序暂停，屏幕不变，用户输入编号后，程序就会转去执行相应的操作。

以下是一个有菜单的程序范例。

例 4

```
/*------------例 4 显示菜单的程序举例 ------------*/
#include "stdio.h"
#include "windows.h"
#include "conio.h"
void func_0()
{printf("\t 准备工作\n");}
void func_1()
{printf("\t 1.输入数据到数组\n");}
void func_2()
{printf("\t 2.查询信息\n");}
void func_3()
{printf("\t 3.修改信息到数组\n");}
void func_4()
{printf("\t 4.保存信息到文件中\n");}
void func_9()
{printf("\t 结束运行,善后工作\n");}
void menu()
{
    int x;/*变量 x 保存选择的数字*/
    system("cls");
    puts("\t\t*****************系统主菜单  *****************\n\n");
    puts("\t\t\t\t 1.输入信息");
    puts("\t\t\t\t 2.查询信息");
    puts("\t\t\t\t 3.修改信息");
```

```
        puts("\t\t\t\t 4.退出菜单");
        puts("\n\n\t\t ********************************************\n");
        printf("请输入你选择的数字(1-4):[ ]\b\b");
        scanf("%d",&x);
        switch(x)
        {
            case 1:func_1();func_4();break;
            case 2:func_2();break;
            case 3:func_3();func_4();break;
            case 4:return;          /*退出菜单*/
        }
    }
    main()
    {
        func_0();
        menu();
        func_9();
    }
```

给用户提供菜单并非适用于所有应用程序。在编写具有菜单的程序时，要注意以下几个方面的问题：

（1）菜单列出的操作，是可做可不做的，由用户决定，程序必须执行的操作不能列入菜单。

菜单中的功能是可选的，也就是说，其中任何一项功能所对应的代码执行与否都不应该导致程序运行的逻辑错误。如果有哪项操作是程序必须执行的，就不能列到菜单中去(不能保证用户必定会选择该选项)。另外，菜单列出来的选项之间不能有执行时间上的先后逻辑关系。

在例 4 中，“准备工作”和“善后工作” 是程序运行必须完成的操作，对应的函数是 func_0()和 func_9()，同时，这两个函数在执行顺序上也有要求，所以在菜单选项中没有出现 “准备工作”和“善后工作”这样的选项，对应的函数依次被安排在菜单函数调用之前和之后调用执行。

（2）菜单中列出来的选项名称，是用户角度的功能描述，不能与函数画等号，要认真辨析。

菜单选项名称通常是从用户的角度确定的，重点描述“做什么”；而函数功能划分则是从程序开发的角度进行的，虽然菜单选项功能常常需要通过调用某些函数去实现，但是菜单项与函数之间并无必然的一一对应关系，编程时要认真辨析，不能简单地对号入座。

在例 4 中，有菜单选项为“3. 修改信息”，所谓修改就不仅只是“看上去”的改变，而且是实质的改动。对应到程序中的操作，既要修改内存变量的值，又要同时修改数据文件中的对应值，所以由函数 func_3()和 func_4()来实现。这样一来，菜单选项 3 所对应代码是依次调用函数 func_3()和 func_4()。在这里，func_3() 的功能“修改信息到数组”和 func_4()的功能“保存信息到数据文件”是描述程序“怎么做”的，这是程序设计人员所关心的，用户不必了解，均不必列为菜单选项。菜单选项“1. 输入数据”也是类似情况。

（3）让菜单函数正常结束。

当用户选择菜单中的“结束”或者“退出”后，程序不会因为做了这种选择而突然中断，而应该继续正常运行直至结束。

在例 4 的程序中，用户对菜单只可做一次选择，执行完相应内容后就结束了。程序实际运行的时候，用户往往希望菜单可供反复选择，在没有选择“退出菜单”前，菜单总能重复出现。为达到这个目的，修改例 4 得到例 5。

例 5

```
/*-----------例 5 可以反复显示菜单的菜单函数 -----------*/
void menu()
{
    int Menu=1;  /*变量 Menu 的值非 0 时，表示要显示菜单*/
    int x;/*变量 x 保存选择的数字 */
    system("cls");  /*清除屏幕 */
    while(Menu)
    {
        puts("\t\t****************系统主菜单 ****************\n\n");
        puts("\t\t\t\t 1.输入数据");
        puts("\t\t\t\t 2.查询信息");
        puts("\t\t\t\t 3.修改信息");
        puts("\t\t\t\t 4.退出菜单");
        puts("\n\n\t\t ******************************************\n");
        printf("请输入你选择的数字(1-4):[ ]\b\b");
        scanf("%d",&x);
        switch(x)
        {
            case 1:func_1();func_4();break;
            case 2:func_2();break;
            case 3:func_3();func_4();break;
            case 4:Menu=0;      /*改变循环变量 Menu 的值，使菜单的循环可以结束*/
        }
        printf("\n 请按任意键回主菜单…");
        getch();
        system("cls");
    }
}
```

例 5 将菜单函数中的多分支选择的部分变成一个循环结构的循环体，让菜单可以反复出现，其中，循环控制变量为 Menu。当用户选择“退出菜单”的选项数 4 时，执行 Menu=0;，使循环控制变量值为 0，结束菜单的循环，从而函数 menu()的调用也结束，程序控制权交还到 menu()函数的主调函数主函数 main()，去执行后续的语句 func_9()。

使菜单重复出现还有其他方法。不论以何种方法让菜单多次出现，当用户输入了“退出菜单”对应的选项时，都应该能够正常地结束菜单函数的执行，不宜使用 exit(0)语句直接结束程序的运行。

用户结束菜单项目的选择，程序运行工作不能就此立即结束。在例 5 中，当用户输入了“退出菜单”对应的选项后，程序会从菜单函数返回到它的主调函数(主函数)，随后，执行 func_9();，完成善后工作后结束运行。如果代码 case 4:Menu=0;换成 case 4:exit(0);那么，当用户选择了“退出菜单”后，因执行 exit(0)；程序中止运行，原本写在主函数中 menu()；之后的代码 func_9()；不可能执行，计划中要完成的“善后工作”也就落空。本来是退出菜单的正常选择，却因执行了 exit(0)；使得程序非正常结束而失控。滥用 exit(0)语句，破坏程序的结构化，使程序丧失控制能力，一定要杜绝。程序中正常的函数调用结束后，返回被调函数，要通过控制语句 return 实现；循环结束要通过改变循环变量的值来实现控制，都不能随意调用 exit(0)；。

语句 exit(0)；通常用在程序检测的处理中，只有在检测到异常情况、继续执行会造成错误而不得不中止程序时才使用 exit(0)；语句。比如，要从数据文件读/写数据但打开文件不成功，后续的读/写操作无法继续进行；再如，动态申请内存单元失败，准备输入的数据将无处存放，后续的数据处理因为无数据没法进行。在这些场合，必须果断地调用 exit(0)；语句中止程序运行。执行到 exit(0)；语句时，程序是立即结束的。

(4) 让菜单函数具有一定的适应能力。

应用程序投入使用后，用户输入错误数据的现象无法避免。编程时，要对实际运行程序过程中可能出现的状态有所预判，让程序不仅在理想状态下能正确运行，在某些非理想状态甚至是发生输入操作错误时也能恰当地运行，也就是让程序具有一定的“适应错误的能力”，这就需要在程序代码中有所反映。为此对例 5 进行改造得到例 6。在例 6 的菜单函数中，程序的“适应能力”体现在两个方面。在接收用户输入的菜单编号时，一是对编号数值范围有一定的适应性；二是对输入数据的类型和符号个数具有适应能力。

例 6

```
/*------------例 6  具有一定适应能力的菜单函数------------*/
void menu()
{
    char cx;     /*变量 cx 保存选择的数字符号*/
    int w,Menu=1;
    system("cls");
    while(Menu)
    {
        do//输入的数据超出范围时，重新显示菜单供再次选择
        {
            puts("\t\t****************系统主菜单 ****************\n\n");
            puts("\t\t\t\t 1.输入数据");
            puts("\t\t\t\t 2.查询信息");
            puts("\t\t\t\t 3.修改信息");
            puts("\t\t\t\t 4.退出菜单");
            puts("\n\n\t\t ****************************************\n");
            printf("请输入你选择的数字(1-4):[ ]\b\b");
            scanf("%c",&cx);
            fflush(stdin);//清除输入缓冲区中的其余数据
            if(cx<'1'||cx>'4')
            {w=1;
                printf("\n\n 请在出现菜单后重新输入选择\n");
            }
                else  w=0;
```

```
        }while(w);
        switch(cx)
        {
            case '1':func_1();func_4();break;
            case '2':func_2();break;
            case '3':func_3();func_4();break;
            case '4':Menu=0;            /*菜单结束*/
        }
        printf("\n 请按任意键继续…\n");getch();
        }
}
```

菜单函数按照例 6 修改后，如果输入数据超出范围，不是 1，2，3，4 中的一个，会重新显示菜单供用户再次选择，一直到用户输入的数据落在正确范围之内为止。

菜单中列出的选项编号是自然数，但是用来存储输入数据的变量类型是 char，配合其他一些语句，这种处理比用整型来存储输入的数据具有更强的适应性，比如用户输入 23 时，认为是选择了选项 2；如果输入选项编号时不小心按下数字键之外的键，也不会因语句 scanf("%c",&cx)；执行出错而使程序运行中断。

3.3 编写"用户友好"程序

好的应用软件，除了高效率的算法之外，一个重要的特点是能从用户的角度考虑问题，所编写的系统照顾到用户操作习惯、有足够易懂的提示信息、易于用户操作，被称为"用户友好"系统。应用程序的用户，其文化程度、职业背景和键盘操作习惯可能相差很大，用户不可能自然而然地理解编程人员的编程意图，程序开发人员需要提供足够的沟通信息，为用户提供贴心方便的操作服务。应用程序的用户友好性可以体现在以下四个方面：

1. 足够的提示信息，提供明白的服务

程序运行过程中，要求用户输入数据时，要让用户知道即将输入数据的含义、格式、范围等输入要求，例如：在屏幕上显示

> 请按照年、月、日的顺序依次输入日期，数字之间用回车或者空格分隔。例如输入：
> 2012 7 18
> 表示 2012 年 7 月 18 日。

在有输出数据时，屏幕上要对所显示的数据提供必要的说明与解释。例如显示"职工姓名：张三，八月份基本工资：2900 元"；不要只是显示"张三，2900"。如果有多条数据，可以先显示每列的名称，再逐行按列对齐地显示各条数据的内容。例如：

工号	姓名	基本工资	奖金	类别	扣款
001021	李思聪	1650.00	600.00	技术	0.00
001023	蒋金旻	2050.00	400.00	行政	5.00

界面转换或者出现新菜单的时候，屏幕上用文字显示当前状况，例如，显示"工资查询结

果"或者"设备管理系统主菜单"等内容。总之，提示信息要足以让用户掌握系统当前的情况，例如自己接下来该进行什么操作、应该怎么操作、程序当前的运行状态、屏幕显示的是什么数据等，不能让用户心中有疑惑。

2. 使用符合用户习惯的语言，提供轻松亲切的界面

用户使用应用程序的目的是减轻工作负担，而不是为了装酷或者显得高深。程序运行界面显示出来的文字，应该使用汉字，而不是英语或者拼音；提示用语要通俗和简洁明了，少用或者不用计算机领域的术语，采用日常生活用语或者准确使用用户所属行业的术语；在输出结果数据时，有时可以直接输出数据的值再加上数量单位，有时需要将数值转化为它所表示的意义再输出，而不是简单地显示出代码中的变量名和变量值。例如：输出"总金额为2300元"，而不是简单地显示一个数"2300"；解方程时输出"方程没有实根"，而不是"δ＜0"；查询结果不是输出" m＝＝1"，而是显示为婚姻状况"已婚 "；用"整数"代替"整型数据"等。

3. 简化用户操作，减少数据出错机会

程序要尽量简化用户的操作，减少用户输入数据的次数和数量。需要多次使用的数据应该安全保存，需要时通过程序再访问获得，避免用户再次输入已经输入过的数据；如果需要输入的数据项其取值是有限的几个固定值，例如，"性别"只有"男"和"女"两种可能的取值，"文化程度"也只有不到10种可能的取值，那么程序中可以列出全部可能的取值让用户选择，用户只需选择一个数或符号而不必逐一输入具体值，这样既可以简化用户的操作，减少工作量，又可以避免因为输入不规范或者输入错误数据给程序运行带来的混乱。

4. 要有一定的"错误适应能力"

具备一定错误适应能力的程序在一定程度上容忍用户的错误，对用户更友好。容忍错误是指即使发生操作错误也还有改正的机会，而不是指对错误不加辨别或者将错就错。

例如，在输入密码等关键数据时，设定允许出错的次数。用户选择删除数据或其他重要的选择操作时，多给一次确认的机会，避免因为误操作造成数据丢失或者其他损失。如果用户输入的数据存在一个正确值的取值范围，程序可以提示范围并对已输入的数据进行范围的判断，超出范围再给予重新输入的机会；或者设置一个默认值，如果选择出界，按默认值进行处理。总之，在编程时要考虑到用户可能发生操作错误，合理地进行处理，既不要让程序使用错误的数据继续运行，又要尽量避免程序因为某些小错就异常中止的情况发生。

3.4 合理组织程序，写出结构清晰的代码

把相对独立或者经常使用的功能定义成函数，可以增强程序的可读性、提高编程效率。C程序中除了主函数之外，还可以有其他函数。函数需要先定义或声明，然后调用。

如果程序复杂，代码长、函数数量多时，函数之间的调用关系就会比较复杂，在组织程序代码时，可以先将所有函数声明的语句集中列出，放在代码最前面，然后再逐一列出各个函数实现的代码。这样既保证了函数总是先声明再被调用，又可避免函数的多次声明，同时，也显得条理分明。

代码较长的程序经常被分成多个文件来保存，通常的做法是：将程序中的编译预处理命令和所有的声明部分的代码，集中保存为第一个文件，通常是头文件(扩展名是.h)。编译预处理命令是以＃ 开头的命令，例如文件包含(＃include ＜stdio.h＞)、宏定义(＃define PI 3.14159)等；声明部分的内容通常包括自定义数据类型的定义语句、全局变量的定义、函数的声明等。函数定义(实现)语句则保存为源代码文件(扩展名是.c)。根据每个文件中的文件包含命令(include)决定组成整个程序各文件中代码的排列次序。常见的两种文件组织方法如图 3-2 所示,图中一个矩形框代表一个文件。

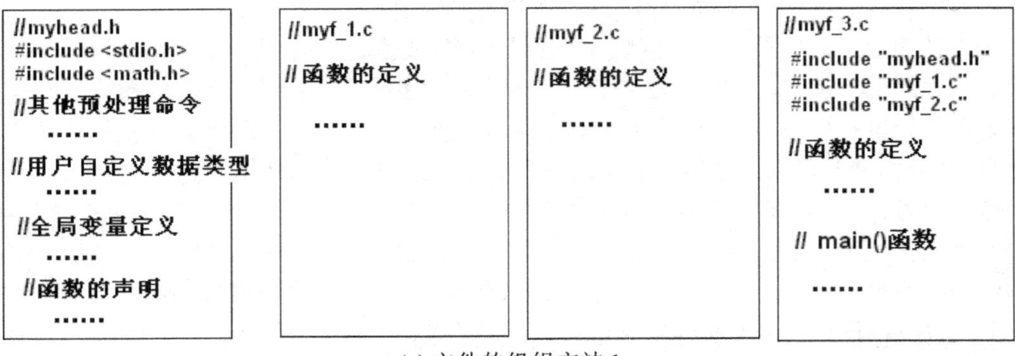

(a) 文件的组织方法 1

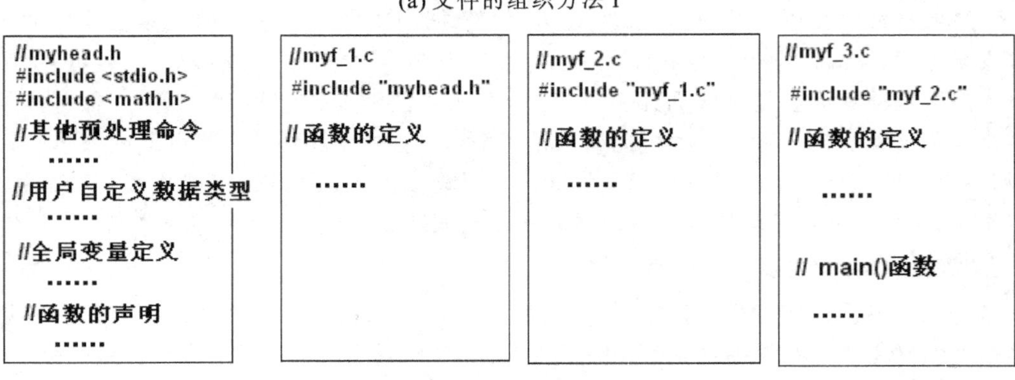

(b) 文件的组织方法 2

图 3-2 文件的组织方法示意图

假设程序全部代码分为 4 个文件保存,即 myhead.h,myf_1.c,myf_2.c,myf_3.c,其中头文件 myhead.h 中是预处理和声明部分的代码,另 3 个是函数实现的源代码。编译程序时,打开 main()函数所在的源代码文件 myf_3.c。使用图 3-2 所示的两种组织方法,在执行了预处理命令之后,会得到相同的代码排列效果。如果程序的全部代码只保存为一个文件(.c 文件),也可以按照这样的顺序组织代码:预处理命令,自定义数据类型的定义语句,全局变量的定义,函数的声明,函数定义(实现)语句。像这样,将同类的语句集中编辑,使程序代码显得有条理,可以提高程序的可读性,方便编程阶段检查代码,也有利于日后的代码维护,是良好的编程习惯。

3.5 好程序要经过测试与检验

程序编写完成后,要经过测试才能交给用户使用。为了查错而运行程序的过程称为测试。这里所指的错误主要是逻辑错误,通过编译平台可以找到绝大部分的语法错误,逻辑错误则需要程序员去发现。测试的目的不是证明程序的"正确性",而是找出并改正程序中的错误从而完善程序。尽管测试不可能找出所有的错误,但是一般来说,找出的错误越多,最后提交程序中的问题就越少,质量会越高。在软件开发工作中,通常要避免程序员测试自己编写的代码。代码测试是专业性很强的工作，有一整套系统的理论和方法，有兴趣的同学可以看其他参考书了解更多内容，本书只举例子简单说明。

3.5.1 测试的重点

测试的重点是程序中容易出错的地方，例如数据输入/输出模块、循环结构、选择结构、函数调用与返回。程序中是否出现了错误需要通过观察输出结果进行分析判断，在测试时，除了借助开发平台的某些功能，有时还需要在程序中添加一些额外的输出语句以观察变量当前值，借此分析程序是否正常、正确运行。通过对比操作前后变量的值，通常可以找出问题所在。

常见的问题有：

用户输入的数据没有正确地保存到指定变量中。这有时是因为用户实际输入数据类型与输入语句设计的类型不匹配。例如：输入格式符是“%d ”，实际却按下了字母键；或者在交替混合输入字符型和数值型数据时多输了间隔符，导致接收数据时发生错位而出错。

输出语句中使用格式符“%d ”输出实型表达式的值时，系统不会报错，但此时又不能正确输出变量值；如果变量名写错而恰巧错成程序中另一个变量名。这些是不易发现的错误，这类错误要格外注意检查。输出的格式效果也常常需要多次调试才能达到满意的程度。

在设计选择结构和循环结构流程图时要认真审核，保证逻辑正确，测试选择结构和循环结构时，重点测试选择条件的临界点、循环的起点和结束点等重要关口。

在含有多个函数的程序中，每一个函数的被调用和返回处，都是需要反复测试的地方。

3.5.2 测试数据

测试是用事先准备的输入数据来运行程序，这些事先准备的输入数据称为测试用例。既然测试的目的是要找出程序中的错误或缺陷，我们准备测试用例时应该达到一定数量，以便让这些测试用例能覆盖能想象到的各种情况，这些输入数据中要有“正常”的数据，也要有各种“意料之外”的数据，还要有可能会给程序运行“添乱”的数据。

例如，题目为：请输入三角形三个边长值，计算并输出该三角形的面积与周长。

该程序预想的输入数据是，一个真实三角形三个边长的测量值。

但是程序实际运行时会接收到什么样的输入数据是无法事先预料和决定的。

针对本题，测试用例可以考虑以下几类情况：

(1) 从数据类型上分：全部是整数；全部是实数；有整数与实数；有整数、实数与字符数据。

(2) 从数值的符号来分：全部为正数；全部是非负数；全部为负数；有正数、负数和 0。

(3) 从数值的绝对值大小来分：三个数相同；有两个数相同；三个数不同；三个数绝对值接近；三个数大小悬殊。

(4) 按是否为三角形的边长值来分：满足三角形边长的条件；不满足三角形边长的条件。

设计测试用例时，一个测试用例可能会同时满足多种情况，但是不管怎样，最好是所列出的每一项都要有测试用例与之对应，这样得到一个程序的测试用例集合。例如，一个测试用例为 2,80,300，这三个数全部是正整数，且大小悬殊，不满足三角形边长条件。

测试开始前，先列出所有测试用例与预期结果对照表，再逐一输入测试用例运行程序，与实际结果相对照，如果预期结果与实际结果不符，则要根据输入数据和实际结果，找出原因并改进程序。

了解一些设计测试用例的知识，在程序设计时就可以把测试时要使用的各种可能的输入情况考虑进去，在程序设计阶段做得更加周密，写出质量更高的代码。

3.5.3 调试程序时注释语句的使用

注释语句是不执行的。在程序中使用注释语句，对程序代码进行解释说明，提高程序的可读性，是良好的编程习惯。在进行代码测试阶段，合理充分使用注释语句可以帮助我们提高代码测试的工作效率。

1. 代码分段

在程序清单的不同功能模块之间，加上一些由横线、星号等符号组成的注释语句，起到分隔代码的视觉效果，可以提高程序的可读性。例如：

```
/*———————— 统计模块 ————————*/
```

2. 将代码"注释掉"

在调试程序时可能会遇到这样的情况：希望某段代码暂不执行；删除了某段代码但后来发现该段代码其实不应该删去。我们可以把不希望执行或者想删去的代码段先放到注释语句中（/*和*/之间），将它屏蔽起来使其无法执行（称为"注释掉"）。被"注释掉"的代码随时可以被恢复，从而可以恢复执行，防止误删除，避免代码的重复输入。

3. 提醒记号

调试程序时为了追踪某些变量的值或者定位出错的位置，常常要在程序中临时增加输出语句，等调试结束时，需要删除这些临时加上的语句。为了避免删除的遗漏，我们可以在添加临时语句时，使用注释语句在临时语句前生成醒目的提醒记号。在C语言编译器中，注释语句可以显示出不同颜色。利用这一特点，我们可以在注释语句中加上连续的符号，使得它们在代码中更加醒目，容易引起注意。例如：

```
/*============= 临时语句,检查变量 i 值 =========*/
```

由于颜色不同又有长长的双虚线，在编译窗口中，这样的一行注释文字很醒目，很容易被发现，便于找到它附近的临时语句。

 3.6 可供借鉴的代码实例

3.6.1 甄别输入的数据

在连续输入多个数值型数据时，如果中间混入了非数值符号的内容，程序就会接收到错误的值。看以下程序的运行结果：

```
#include <stdlib.h>
#include <stdio.h>
main()
{
    double  x,y,z;
    printf("请输入三个数:\n");
    scanf("%lf",&x);
    scanf("%lf",&y);
    scanf("%lf",&z);
    printf(" 输入的数据是:%f  %f  %f \n",x,y,z);
}
```

运行该程序时，在输入第二个实数时由于操作原因，误加了一个字母 t(见图 3-3)，从而使得输入的第三个数没能送到相应变量中，或者说第三个变量得到了错误的值，但是程序运行时不会报错。如果不是后面有输出语句，不容易发现这种错误。程序运行过程中如果使用了错误数据，所做的一切工作都是徒劳的。

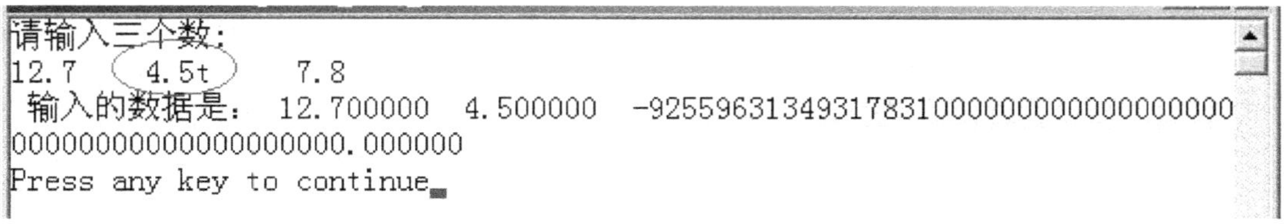

```
请输入三个数:
12.7   4.5t    7.8
 输入的数据是:  12.700000  4.500000  -9255963134931783100000000000000000
0000000000000000000.000000
Press any key to continue
```

图 3-3　输入错误的值

所以，输入关键数据时，最好能对输入的内容进行甄别或者确认之后再进入下一步处理。例 7 给出了一种甄别输入数据的方法。

例 7

```
/*  -----例 7 对输入的数据先进行甄别,再转化成数值进行运算 -----   */
#include <stdlib.h>
#include <stdio.h>
/*double atof(char *)
将字符指针所指向的串转换成浮点数并返回这个浮点数。所在文件为 stdlib.h
*/
int svdn(char *st)
//自定义的函数。如果形参字符串是非负的实数,返回 1,其他则返回 0
{
    while(*st)
        {if(*st>='0'&& *st<='9'||*st=='.') st++;
        else return 0;
        }
    return 1;
}
int main()
{
  char str[25];  int i,flag=0;  double  s[3];
  printf("请输入三个数据:\n");
  for(i=0;i<3;i++)
  {scanf("%s",str);
        if(svdn(str)) s[i]=atof(str);else flag++;
  }
if(flag) printf(" 输入数据中有错\n");
else
printf(" 输入数据分别是:%f,%f,%f\n 它们的和是:%f\n",s[0],s[1],s[2],s[0]+s[1]+
s[2]);
return(0);
}
```

3.6.2 输入出错时允许重复输入，限定出错的次数

例 8 提供一种方法，对输入数据的值进行确认，并限定重复输入次数。这种方法常用于输入密码等重要验证数据。

例 8

```
#include <stdio.h>
#include <stdlib.h>
#include <ctype.h>
#define RPT_N5        //规定允许重复输入次数的上限值
main()
{
  char com_ch;
  int rpt=0;int flag=0;
  double key_d;
  do
  {
        printf("请输入一个重要实数:\n");
        scanf("%lf",&key_d);fflush(stdin);
        /*此处是由用户判断输入数据的对错*/
        printf(" \n 第%d 次输入的数值为%f,是否正确? \n\n",rpt+1,key_d);
        printf("输入正确请按回车\n\t 或者字母 Y 或 y 加回车。\n");
        printf(" 输入错误请按其他键加回车 \n");
        scanf("%c",&com_ch);fflush(stdin);
        if(toupper(com_ch)=='Y'||com_ch=='\n') flag=0;
        else
        {
            flag=1;rpt++;
            if(rpt>=RPT_N)
            {
            printf("\n 已经重复%d 次,未能正确输入重要实数,程序结束运行。\n",rpt);
            exit(0);
            }
        }
  }while (flag);
  printf("重要实数的数值为%f,是正确的。\n",key_d);
}
```


3.6.3 链表的使用

通常情况下，类型相同的多个数据使用数组或者申请动态存储单元来存储。但是，如果数据总数不能事先确定其上限，或者数据总数频繁地变动，则使用链表这种数据结构处理起来更加方便。

以下的例 9 使用链表来存储从键盘输入的学生成绩数据，它示例了创建有序链表、在链表中插入和删除结点、在链表中查找数据等操作的一种方法。

例 9

```
/*  -----例 9 链表使用举例-----  */
#include <stdio.h>
#include <malloc.h>  // 函数 malloc()和 free()所在的头文件
typedef  struct  student
{
    int  num;           /*学号*/
    int  score[3];            /*平均分和两门课成绩 */
    struct  student  *next;  /*下一结点的地址 */
} STU;
/****---------插入一个结点到有序(降序)单向链表-----------****/
STU  *nsrt(STU *head,STU *px) //head 指向链表表头。px 所指的结点为待插入结点。
{
    STU  *pb=head,*pn=head,*pt;
    while((*pn).next)  pn=(*pn).next;// 找链表的最后结点:pn 所指的结点
    if((*px).score[0]>(*head).score[0])//值最大的结点变为表头
        {(*px).next=head;
        head=px;
        }
else  if((*px).score[0]<(*pn).score[0])// 值最小的结点接到链尾
    {(*pn).next=px;
    (*px).next=NULL;
    }
else{//找合适的插入位置:pt 与 pb 之间
while((*pb).score[0]>=(*px).score[0])
    { pt=pb;pb=(*pb).next;}
    (*px).next=pb;
    (*pt).next=px;
    }
return head;
}
/****----------通过键盘输入数据创建有序(降序)的单向链表----------****/
STU  *creat()//返回一个链表表头的指针值
{
STU st,*p0=NULL,*p,*head=NULL;
while(1)
{
printf("数据顺序:--学号 --科目 1 成绩 --科目 2 成绩\n");
scanf("%d%d%d",&st.num,&st.score[1],&st.score[2]);
st.score[0]=(st.score[1]+st.score[2])/2.0;
        if(st.num<0) break;
        p=(STU*)malloc(sizeof(STU));
//申请动态的存储单元,按 STU 类型,一个单位,返回其指针
*p=st;(*p).next=NULL;
        if(p0==NULL){head=p;  p0=p;}
          else
```

```
    head=nsrt(head,p);
        }
    return head;
    }
    /****---------------单向链表的数据输出------------****/
    void output(STU *head)
    { STU  *p=head;
    printf("\n全部学生数据如下:\n");
    printf("\n学号  平均分  科目1成绩 科目2成绩");
    while(p)
      {
        printf("\n%5d%6d%8d%8d",(*p).num,(*p).score[0],(*p).score[1],(*p).
score[2]);
        p=(*p).next;
      }printf("\n");
    }
    /****---------------单向链表删除一个结点------------****/
    STU  *del(STU *head,int number) //此函数返回一个指向STU型变量的指针值
    {  STU  *p=head,*p0=NULL;
      while(p)
      {  if((*p).num==number)
          {
          if(p==head) head=(*p).next;
          else if((*p).next==NULL) (*p0).next=NULL;
          else (*p0).next=(*p).next;
          free(p);//释放p所指向的存储单元
      break;
          }
      else {p0=p;p=(*p).next;}
      }
      return head;
    }
    main()
    {
        STU stu,*p,*head;
        int del_num;
        printf("请输入学生数据,学号为负数时表示输入结束\n");
        head=creat();
        output(head);
        printf("请输入要删除学生的学号\n");
        scanf("%d",&del_num);
        head=del(head,del_num);
        output(head);
        printf("请输入一个学生数据:\n");
        printf("--学号 --科目1成绩 --科目2成绩\n");
```

```
    scanf("%d%d%d",&stu.num,&stu.score[1],&stu.score[2]);
    stu.score[0]=(stu.score[1]+stu.score[2])/2.0;
    p=(STU*)malloc(sizeof(STU));//申请一个动态的 STU 类型存储单元
    *p=stu;
    head=nsrt(head,p);
    output(head);
}
```

以下的例 10 示例了如何读取数据文件中的学生成绩数据来创建链表。本例中,使用字符数组来存储学生的学号。数据文件中对应每位学生的数据项内容是:学号,分数 1,分数 2。链表结点中的数据项是:学号,平均分,分数 1,分数 2。其中,平均分是读取文件数据后通过计算得到的。

例 10

```
/*-----例 10  链表使用举例 读取数据文件中的学生数据来创建链表-----  */
/*数据文件的格式:每个学生数据包括学号和两门课成绩,共三项。例如:
2014030101 80 88
2014030102 90 94
2014030103 71 76
2014030121 68 90
2014030115 65 79
创建链表的方法:在主函数中输入文件名,文件名作为参数调用创建链表的函数。
*/
#include <stdio.h>
#include <stdlib.h>
#include <string.h>
#include <malloc.h>  // 函数 malloc()和 free()所在的头文件
#define STUNUM 12//  学号不超过 11 位数字或符号
typedef  struct  student
{  char  num[STUNUM];
    int  score[3];              //  平均分和两门课成绩
    struct  student  *next;  // 下一结点的地址
} STU;
/****-----------依次读取数据文件的内容,创建单向链表-----------****/
STU  *creat(char *filename)//参数是数据文件的文件名。返回一个链表表头的指针值
{
    FILE  *fp;
    int k=0;
    STU st,*p,*p0=NULL,*head=NULL;
    if((fp=fopen(filename,"r"))==NULL)
    {
        printf("\n 无法打开数据文件%s\n",filename);
        exit(0);
    }
    do
    {
```

```
        k=fscanf(fp,"%s%d%d",st.num,&st.score[1],&st.score[2]);
        if(k<3)break;
        st.score[0]=(st.score[1]+st.score[2])/2.0;/*计算平均分*/
        p=(STU*)malloc(sizeof(STU));
        *p=st;//将读取的数据存到结点中
        (*p).next=NULL;
        if(p0==NULL)  /*如果是第一个数据*/
        {head=p;  p0=p;}
        else
        {  (*p0).next=p;p0=p;}
      }
    while(! feof(fp));
    fclose(fp);
    return head;
}
/****---------------单向链表的数据输出-------------****/
void output(STU *head)
{ STU  *p=head;
if(p)
{
printf("\n全部学生数据如下:\n");
printf("\n    学号        平均分  科目1成绩 科目2成绩");
while(p)
  {
    printf("\n%s%6d%8d%8d",(*p).num,(*p).score[0],(*p).score[1],(*p).score[2]);
    p=(*p).next;
  }
printf("\n");
}
else{printf("\n  学生数据为空！\n");}
}
/****---------------在单向链表中删除一个结点-------------****/
STU  *del(STU *head,char *number) //此函数返回一个指向STU型变量的指针值
{  STU  *p=head,*p0=NULL;
  while(p)
  {  if(strcmp((*p).num,number)==0)
      {
      if(p==head) head=(*p).next;
      else if((*p).next==NULL) (*p0).next=NULL;
      else (*p0).next=(*p).next;
      free(p);//释放p所指向的存储单元
  break;
      }
  else {p0=p;p=(*p).next;}
  }
```

```
    return head;
  }
  main()
  {
      STU  *head;
      char del_num[STUNUM];
      char filename[20];
      printf("请输入学生数据所在的文件名\n");
      scanf("%s",filename);
      head=creat(filename);
      output(head);
      printf("请输入要删除学生的学号\n");
      scanf("%s",del_num);
      head=del(head,del_num);
      output(head);
  }
```

修改例 10 中创建链表函数 creat()，读取数据文件中的学生成绩数据创建成有序的链表，得到新的函数 creat2()，如例 11 中所示。

例 11

```
/*--------依次读取数据文件的内容，创建有序（按照平均分的降序）单向链表--------*/
STU* creat2(char *filename)//参数是数据文件的文件名。返回一个链表表头的指针值
{
    FILE  *fp;
    int k=0;
    STU st,*p,*p0=NULL,*head=NULL;
    STU *pb,*pt;
    if((fp=fopen(filename,"r"))==NULL)
    {
        printf("\n 无法打开数据文件%s\n",filename);
        exit(0);
    }
    do
    {
        k=fscanf(fp,"%s%d%d",st.num,&st.score[1],&st.score[2]);
        if(k<3)break;
        st.score[0]=(st.score[1]+st.score[2])/2.0;/*算平均分*/
        p=(STU*)malloc(sizeof(STU));
        *p=st;//将读取的数据存到结点中
        (*p).next=NULL;
        if(p0==NULL)  /*是第一个数据*/
        {head=p;  p0=p;}
        else
        {  pb=head;
        /*如果平均分值大于表头结点平均分值，新结点成为新表头*/
        if((*p).score[0]>(*pb).score[0])
```

```
            {(*p).next=pb;head=p;}
            /*如果新结点的平均分值小于表末结点,加到链表末尾*/
            else if((*p).score[0]<(*p0).score[0])
            { (*p0).next=p;p0=p;}
            /*为新结点找合适的插入位置:pt 与 pb 之间 */
            else
            {
                while((*pb).score[0]>=(*p).score[0])
                {pt=pb;pb=(*pb).next;}
                (*pt).next=p;(*p).next=pb;
            }
        }
        }while(! feof(fp));
        fclose(fp);
        return head;
    }
```

例 9～例 11 示例了链表这种数据结构的使用方法,例 9 和例 10 中的主函数只是简单地依次调用各个函数,实现链表的创建、添加结点与删除结点。在实际应用场合中,应该给用户提供一定自由的选择,例如提供一个菜单,列出一些用户可选的操作,而不是在程序中硬性地规定几个操作。

第4章 应用程序开发过程举例

4.1 十佳运动员有奖评选系统

4.1.1 程序开发的一般过程

课程设计编程可以看作是一个微型应用程序的开发过程。实际开发一个应用程序之前，先要定义问题、做出规划，确定软件的开发目标，还要从资金、技术等各方面论证开发工作的可行性，然后才开始正式的开发工作。

对于经过认证确实是可行的项目，才会着手进行软件的开发工作。软件开发过程通常要经历需求分析、概要设计（系统设计）、详细设计、程序编码、软件测试、软件验收交付使用等阶段。实际开发过程，往往是以上各阶段的循环和回溯的过程，而不是各阶段简单地线性推进一次完成的。

4.1.2 题目

有关单位举办十佳运动员有奖投票评选活动。活动规则是，在一定范围内发放 10 000 张选票，投票人从 20 个候选人中选出自己认可的 10 人作为十佳运动员，举办单位统计有效选票，得票数最多的前 10 名运动员当选为十佳运动员；而投票准确性最高的前 10 位投票人，将获得活动举办方颁发的奖品。请编写应用程序，统计有奖投票活动的选票，评选出十佳运动员与获奖投票人，并提供选票信息与运动员得票数的查询功能。

4.1.3 分析用户需求，确定系统功能

一项有奖评选活动，活动举办方应该充分宣传活动规则，使得参与者了解、认可并遵守规则才能保证活动的成功。充分了解活动规则也是程序开发者能够提供合格软件产品的前提。

此次有奖评选活动，活动举办方最终要得到两个结果：一是十佳运动员，二是获奖投票人。选票是评奖的依据，所以，设计恰当的数据存储结构保存和提取选票信息是程序设计的基础。

1. 选票内容和有效选票的认定

为了投票的方便，将 20 名运动员候选人用整数 1 到 20 进行编号，生成一个编号-姓名对照表，印在选票背面，如图 4-1 所示。这样，投票人只需填写候选人对应的编号，不必填写姓名，简化选票填写工作。这种做法在实际生活中是合理的，也经常被采用。

选票正面的内容有 4 项，如图 4-2 所示。选票编号通常是由发行单位印在选票上的，不需投票人填写。选票发行数量越多，其号码的位数越多，假设本次的选票号码由七位字母和数字组成（可以标识千万张选票）。投票人要填写的内容是另外三项：投票人姓名、投票人手机号码、自己选中的 10 名运动员的编号。考虑到投票人填写的姓名可能只是昵称代号而不是真实姓名，所以，将投票人的手机号作为找到投票人、将来发奖时的依据，需要正确填写。

运动员编号	运动员姓名
1	张虹
2	谌龙
3	叶诗文
……	……
20	张继科

图 4-1　候选运动员编号-姓名对照表示意图

废票认定原则：手机号码不是 11 位（位数错误）的，当作废票；选中的运动员编号不足 10 个的，选票视为废票。

选票编号	×××××××									
投票人手机号码										
投票人姓名										
选中的运动员编号										

图 4-2　选票信息项示意图

2. 十佳运动员的评比规则

统计所有有效选票，获得票数最多的前 10 名运动员候选人就是十佳运动员。

3. 获奖投票人的评比规则

投票准确性最高的前 10 名投票人获奖。投票准确性用“投票积分”衡量，投票积分的计算规则是：投票积分＝次序分＋入围分。

次序分计算方法：如果选票中的第一个运动员与最终的十佳中的第一名相符（简称“选中第一名”）得 9 分，如果选中第二名得 8 分，…，选中第九名得 1 分，选中第十名得 0 分。

入围分计算方法：不考虑次序，选中十佳中的一个即得 10 分，选中 n 个得 n×10 分。

选票的计分规则以及无效或作废的认定规则通常是直接印在选票的背面，也可以同时用其他方式知会每位投票人。

4. 系统的功能

十佳运动员有奖评选系统的功能是：完成选票的识别、选票数据的读取和统计计算；提供查询菜单供用户选择。系统提供给用户的查询菜单上可选择的操作有：浏览或者按号码查询原始选票数据，查询十佳运动员排名、按编号查询运动员得票数，查询十位获奖投票人的信息及排名。

4.1.4　系统的总体分析与设计

根据需求分析的结果，系统功能模块划分如图 4-3 所示。

系统分为四个功能模块，前三个模块是必须依次先行完成的任务，只有当这三个模块的任务完成（读入数据并完成统计处理）之后，应用程序才能为用户提供数据查询。用户能够选择的只是查询模块所列出的查询功能。不能将读取选票、计票、复票等当作可选项列到菜单中。图 4-4 为系统粗略的流程图。

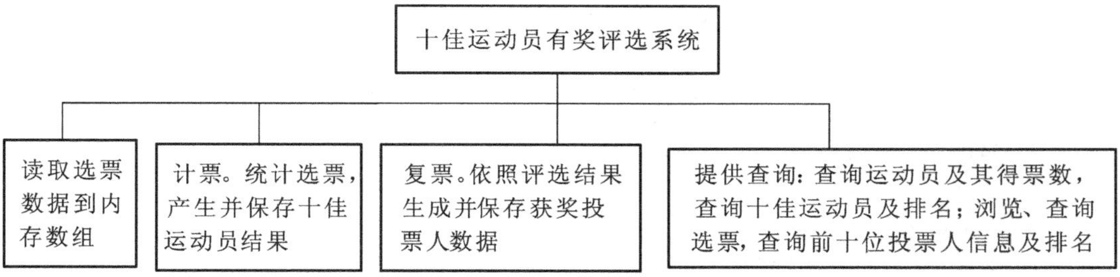

十佳运动员有奖评选系统

读取选票数据到内存数组	计票。统计选票，产生并保存十佳运动员结果	复票。依照评选结果生成并保存获奖投票人数据	提供查询：查询运动员及其得票数，查询十佳运动员及排名；浏览、查询选票，查询前十位投票人信息及排名

图 4-3　系统功能模块划分图

读取选票数据
计票。统计选票，产生并保存十佳运动员结果
复票。依照评选结果生成并保存获奖投票人数据
提供用户查询功能

图 4-4　系统粗略流程图

系统功能与菜单列出的功能不能混为一谈，不能将应用系统的功能都列到用户菜单，这一点初学者需要特别注意。

1. 设计数据结构

如何设计数据的存储结构，取决于应用程序中数据处理的需要，不要受数据源原有数据项的限制。根据本系统的功能，设计两个自定义的数据类型存储有关数据。

1）运动员结构体

为便于提供运动员评比名次的查询和各位候选人得票数的查询，定义一个结构体类型，用来保存运动员的所有数据。运动员的名次取决于他的“得票数”；根据选票背面提供的候选人姓名-编号对照表，每位运动员都有自己的“编号”和“姓名”，这三项数据合起来组成“运动员”的完整数据集合。所以，我们定义运动员结构体类型的结构如下：

```
struct sporter
{
    int num;/*运动员候选人的编号*/
    char name[20];
    int vote_num;  /*运动员候选人的得票数*/
};
```

2）投票人结构体

十佳运动员有奖评选系统有一个任务是要评选出获奖投票人，投票人与选票相对应，因此，投票人结构体数据类型的成员要包括选票的全部数据项，还应该包括投票积分。

由此，我们确定了投票人结构体类型的结构为：

```
#define  M    10000        /*选票总数不超过此数值*/
#define  MPH  11/*目前手机号码长度是11位*/
struct vote
{
    char id[8];//选票编号
    char mbnb[MPH+1];/*数组长度至少比手机号码长度多 1 位*/
```

```
        char name[20];
        int a[10];  /*投票人选中的十个号码*/
        int score_order;/*选票次序分 */
        int score_hit;/*选票入围分*/
        int score_sum;  /*投票积分*/
    }vot[M];
```

为了处理和查询数据的方便，将选票次序分、选票入围分和投票积分三项内容都保留在结构体中。

在程序中，使用运动员结构体数组来存储候选运动员的数据，使用投票人结构体数组来存储选票和投票人的数据。由于这两个数组在输入选票、统计选票、查询等多个模块中要用到，将它们都定义成全局变量数组，处理起来比较简单。

2. 处理原始数据和保存处理结果

为了顺利方便地获得两个结构体数组的初始数据，我们先对原始选票进行一些处理，生成两个数据文件作为系统运行的数据来源。

(1) 将印在选票背面的运动员编号-姓名对照表的内容，按照每行一个运动员数据，编号空格姓名的形式逐行录入计算机并保存为数据文件 sporter. txt。例如，该文件前两行内容为：

1　张虹

2　谌龙

程序中，运动员数组各元素的运动员编号(num)、运动员姓名(name)，通过读取数据文件 sporter. txt 得到，而第 3 项数据得票数(vote_num)的初始值都设置为 0，在后续模块中被赋值。

(2) 将全部回收选票内容录入计算机并保存为数据文件 vote. txt。每行一个选票数据，数据项之间用空格或制表符分隔。例如，该文件中某两行的数据可能为：

```
A000201  13545813468  潘天佑  6  9  12  3  1  17  16  8  13  10
A000202  13550813571  熊  鹏  2  11  14  13  15  17  20  4  6  8
```

投票人结构体数组对应于选票的数据直接从文件 vote. txt 中读取，反映投票积分的后 3 项内容初始值设置为 0，在对选票进行相应的处理后，计算得到后 3 项的值。

本系统中作为数据来源和数据处理结果的数据文件及其内容说明见表 4-1。

表 4-1　十佳运动员有奖评选系统中使用到的文本文件汇总表

序号	文　件　名	文件存储内容
1	sporter. txt	(数据来源)候选运动员数据：编号，姓名，即编号-姓名对照表
2	vote. txt	(数据来源)原始选票数据： 选票编号、手机号码、姓名、投选号码(每张选票 10 个)
3	spt_vt. txt	运动员得票数据：名次、编号、姓名、得票数(按得票数降序排列)
4	vote_new. txt	复核选票后的有效选票数据：选票编号、选票次序分、选票入围分、投票积分
5	vote_prize. txt	获奖投票人信息：名次、选票编号、手机号码、投票积分(按投票积分降序排列)

在本例中，数据来源文件 sporter. txt 和 vote. txt 是录入选票上的数据产生的。数据结果文件 vote_new. txt 和 vote_prize. txt，是程序运行过程中生成的，都只保存了内存结构体

数组中部分元素的部分数据项。在实际的应用中,程序员根据编程的需要和用户需求分析的要求,决定是否将来源数据或者结果数据保存为文件;决定数据文件的个数以及文件中数据项的构成和排列顺序。

3. 定义宏和全局变量

题目中提到的运动员候选人是20人,评选出十佳运动员;选票总数为10 000张,挑选出前十名投票人。在设计时,为了增强应用系统的通用性,提高程序的可读性,我们使用宏名定义上述各数值,在数据类型定义和变量定义部分,尽量不出现字面常量(如20)而是用宏名表示,一旦这些数值需要改变,只需要修改宏定义的值而一改全改,读代码时,宏名比字面常量更加便于理解。

十佳运动员有奖评选系统要处理的数据不多,其中,实际候选运动员人数(int nn;),实际读取到的有效选票数(int mm;),投票人结构体数组(vot[]),运动员结构体数组(spt[]),这些数据在大部分的函数中都要用到,如果将它们定义成全局变量,可以使得这些函数都不需要参数,程序大大简化。

系统中使用的宏、全局变量的定义及其说明如下:

```
#define  N  20        /*候选运动员数*/
#define  TOP1  10/*评选十佳运动员*/
#define  TOP2  10/*评选前十名投票人*/
#define  M    10000        /*选票总数不超过此数值*/
#define  NAM  20/*统一规定姓名字符串的长度 */
#define  MPH  11/*手机号码长度是11位*/
#define  VOTL  8/*选票号码长度是7位,选票号码串长度是8 */
int  nn;    /*实际候选运动员人数*/
int  mm;      /*实际读取到的有效选票数*/
struct sporter
{
  int num;  /*运动员候选人的编号*/
  char name[NAM];
  int vote_num;/*运动员候选人的得票数*/
}spt[N];
struct vote
{
    char id[VOTL];/*选票编号*/
    char mbnb[MPH+1];/*字符数组长度比手机号码长度多1位*/
    char name[NAM];
    int a[TOP1];  /*投票人选中的号码*/
    int score_order;/*选票次序分 */
    int score_hit;/*选票入围分*/
    int score_sum;  /*投票积分*/
}vot[M];
struct vote vmax[TOP2];/*获奖投票人*/
```

4. 系统的主要函数

根据系统功能模块的划分,每个模块对应一个函数,而各个模块通常再划分为若干函数共同来完成其功能。系统的主要函数的声明如下。

```
void readfiles();/*读取数据模块函数*/
int load_sporter();/*读取运动员姓名-编号对照表文件*/
int load_vote();  /*读取选票文件*/
void calctensp();  /*统计选票模块函数*/
void stat_vote();  /*唱票*/
void order_by_vote();/*依据得票数对运动员记录排序*/
void save_spt();/*保存运动员得票结果到文件*/
void stattenvoter();/*复核选票*/
void calc_hit();    /*统计投票积分 */
void sort_vote();  /*依据投票积分对选票记录排序*/
void save_vot10();  /*输出 10 个获奖参选者信息到文件*/
void menu();     /*查询功能菜单*/
```

5. 其他说明

我们所编写的十佳运动员有奖评选系统，是一个应用程序，为用户提供一个键盘式选择菜单。虽然在程序代码中，我们使用的变量名、函数名等名称通常都是英文缩写或者拼音，但是在屏幕上输出提示信息和显示菜单内容时，则使用中文。这也是软件“用户友好”特性的体现。

4.1.5 模块设计与代码编写过程

根据系统粗略流程图，编写主函数(程序框架)如下：

```
main()
{
    readfiles();  /**读取数据模块——从文件读入运动员及选票记录 **/
    calctensp();  /**统计选票模块——计算运动员得票数 ***/
    stattenvoter();  /**复核选票模块——找出 10 个获奖参选者 **/
menu();    /**查询模块 **/
}
```

以下对各个模块逐一细化，分别进行代码的设计和编写工作。

1. 模块一:读取数据模块

读取数据模块是后面所有工作的基础。本系统的原始数据有运动员数据和投票人数据(选票)。函数代码如下：

```
void readfiles()
{
  nn=load_sporter();/*从文件读入候选运动员记录*/
  mm=load_vote();/*从文件读入选票记录*/
}
```

该模块调用的这两个函数功能相似，所使用的算法也基本相同。选票文件较大，要处理的数据内容多，以读入选票的函数 load_vote()为例说明。

实际的选票数据文件中，每行对应一张选票，有 13 项数据，可能出现数据本身无效、数据个数错误(不足或者超过)的情况，如果直接将数据存入内存变量而不做任何判断，在后续的数据处理过程中，程序可能会得到错误结果，也可能会因为出错而中断运行。所以，从文件中读数时，要对读数操作进行控制，确保读到了所需数量的数据；最好还能对所读取的数据进行检测，减少存入无效数据的可能性。图 4-5 是函数 load_vote()的流程图。

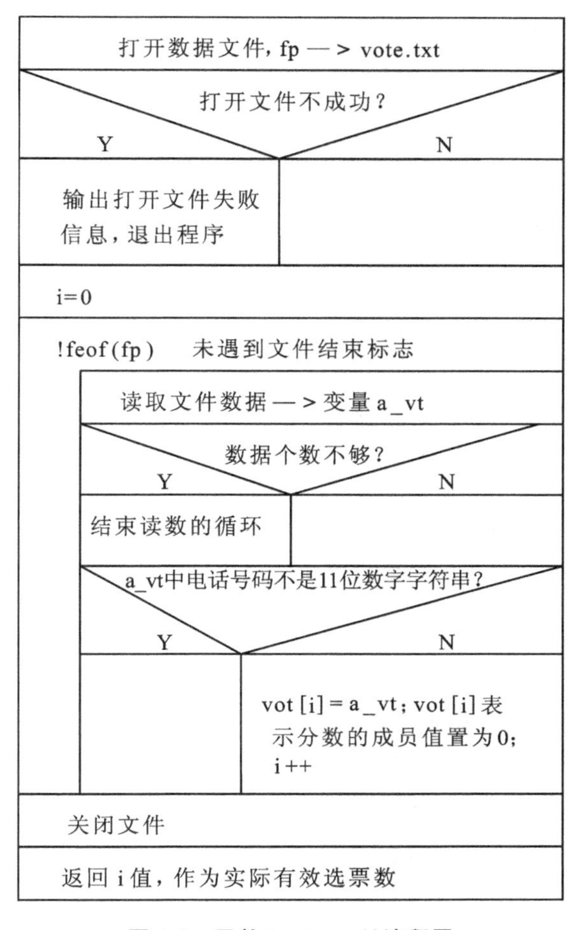

图 4-5　函数 load_vote()流程图

函数 load_vote()中定义了一个投票人结构体变量 a_vt，文件中的数据先读到该变量中临时存储，变量 a_vt 的数据成员被测试为有效数据后才会赋值给数组元素。读数操作由循环来控制，遇到文件结束标志时循环结束。如果读到的数据个数表明它不是一个完整的选票数据，那么读数的循环也要中止。这里使用到了一个测试函数 svdn()，这是测试电话号码是否有效的函数。

```
int svdn(char *st)   /*一个测试函数。形参字符串为数字字符串时返回 1,否则返回 0*/
{
    while(*st)
    {  if(*st<'0'||*st>'9')return 0;
      else st++;
    }
    return 1;
}
int load_vote()   //读取选票数据,对读取的数据手机号码进行有效性检测
{
    FILE *fp;
    int i,j;
```

```
        int valid;
        struct vote a_vt;
        if((fp=fopen("vote.txt","r"))==NULL)
        {
            printf("\n 无法打开原始选票数据文件 ……\n");
            exit(0);
        }
        for(i=0;!feof(fp);)
        {
            valid=fscanf(fp,"%s%s%s",a_vt.id,a_vt.mbnb,a_vt.name);
            if(valid<3)break;   //实际读到的数据不足 3 个,结束读数的循环
            for(j=0;j<TOP1;j++) valid=fscanf(fp,"%d",&a_vt.a[j]);
            if(!valid) continue;/*实际读到的"选中编号"数不足*/
            /*测试手机号码的有效性:是 11 位的数字字符串*/
            if(strlen(a_vt.mbnb)!=MPH||!svdn(a_vt.mbnb)) continue;
            else
            {
                vot[i]=a_vt;
                vot[i].score_order=0;// 初始的次序分是 0
                vot[i].score_hit=0;  //入围分
                vot[i].score_sum=0;
                i++;
            }
        }
         fclose(fp);
        return(i);                    //返回记录个数
    }
```

在函数 load_vote()的算法中,我们假定数据文件中的选票数不会超过预先设定的 M 值。这点很重要,因为数组的长度是 M。如果实际选票数上限无法确定,我们可能就不宜用数组来存储选票信息,可以采用其他方法或者别的数据结构,比如申请动态分配的存储单元,或者使用链表等。

2. 模块二:统计选票模块

统计选票模块的任务是根据选票的数据统计出每位运动员候选人的得票数。该模块的流程图如图 4-6 所示。

根据选票统计候选人得票数
对候选人按照得票数排降序
将候选人数据按照降序保存到文件

图 4-6　统计选票模块流程图

其中,根据选票统计候选人得票数由函数 stat_vote()完成。该函数的流程图如图 4-7 所示。

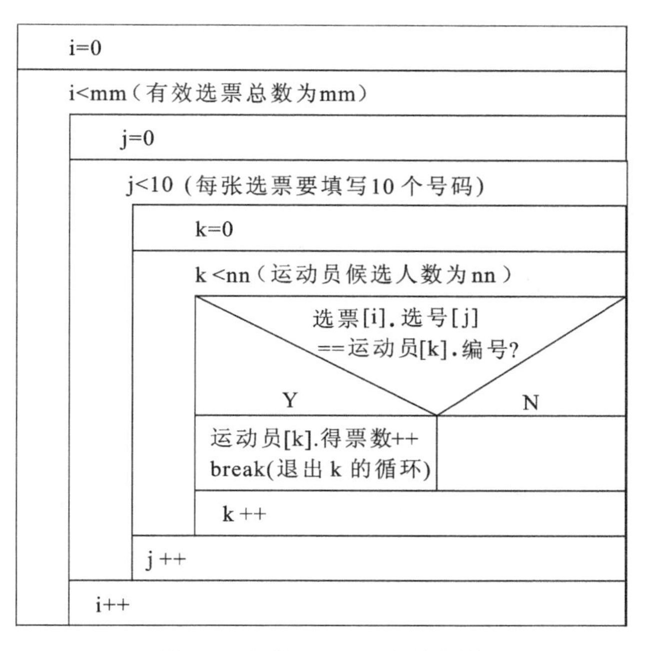

图 4-7　函数 stat_vote()流程图

对候选人的得票数排序和保存运动员得票结果函数，读者不难自行写出，其流程图和代码在此省略。

保存运动员得票结果到文件时，考虑到运动员得票结果可能需要打印输出，因而可以将数据的“表头”保存到文件中。如果该文件内容要作为另一个程序的输入数据，则读取数据时应该跳过这一行，从数据项内容开始读取。

3. 模块三：复核选票模块

复核选票模块是根据运动员评选结果计算出各个投票人的投票积分，从而得出获奖投票人的结果。复核选票模块的流程图如图 4-8 所示。

计算每张选票的投票积分，将处理后的选票数据保存到文件
对选票按照投票积分排降序
将投票积分最高的前 10 张选票数据保存到文件

图 4-8　复核选票模块流程图

其中，函数 calc_hit()根据投票积分的计算规则，对每张选票计算其投票积分，将处理后的选票数据保存至文件 vote_new. txt。函数代码如下：

```
/*函数 calc_hit() 计算选票的投票积分*/
void calc_hit()
{
    FILE *fp;
    struct sporter s[TOP1];
    int i,j,k;
    for(i=0;i<TOP1;i++) s[i]=spt[i];
```

```
        for(i=0;i<mm;i++)
        {
            for(j=0;j<TOP1;j++) /*对每张选票的每一个选中号码进行处理*/
            {
                if(vot[i].a[j]==s[j].num) vot[i].score_order+=9-j;/*次序分*/
                for(k=0;k<TOP1;k++)
                if(vot[i].a[j]==s[k].num) /*入围分*/
                {vot[i].score_hit+=10;break;}
            }
            vot[i].score_sum=vot[i].score_hit+vot[i].score_order;//投票积分
        }
        if((fp=fopen("vote_new.txt","w"))==NULL)
        {
            printf("\n 无法显示新的数据文件保存处理后的选票信息……\n");
            exit(0);
        }
        for(i=0;i<mm;i++)
        fprintf(fp,"%s%d%d%d\n",vot[i].id,vot[i].score_order,vot[i].score_hit,
    vot[i].score_sum);
        fclose(fp);
    }
```

处理投票人数据，找出投票积分最高的前 10 名的算法，可以是对投票人数组全部元素进行排序，也可以是找出投票积分最高的前 10 位投票人。以下是采用插入排序法，生成投票积分“排行榜”前 10 名的算法流程图，如图 4-9 所示。程序代码省略。

将选票数据保存到文件的函数，在此就不赘述了。

4. 模块四：查询模块

系统运行后显示查询主菜单。用户每完成一项查询后，菜单都会再次出现，直到用户选择退出时，菜单结束，程序也随着结束。

为了实现这种效果，菜单函数可以是一个递归调用的函数（即自己调用自己的函数），递归的出口就是用户选择“退出”这一选项；菜单函数也可以是一个循环结构的函数，用户选择“退出”这一选项的时候，循环结束的条件就会成立而使函数结束。递归结构可能容易理解，但是循环结构更加高效。以下列出循环结构菜单函数的代码。

```
/*************十佳运动员有奖评选系统主菜单**************/
void menu()
{char x;  /*变量 x 保存用户选择菜单选项时的输入值*/
int w;  /*输入选择不能与菜单中的选项对应时,w 值为 1*/
int cont=1;/*cont 值为 1 表明需要再次选择菜单*/
while(cont)
{
do
{system("cls");  /*清屏*/
puts("\n\n\t\t************十佳运动员有奖评选系统主菜单 ************\n\n");
puts("\t\t\t\t 1.查看选票情况");
```

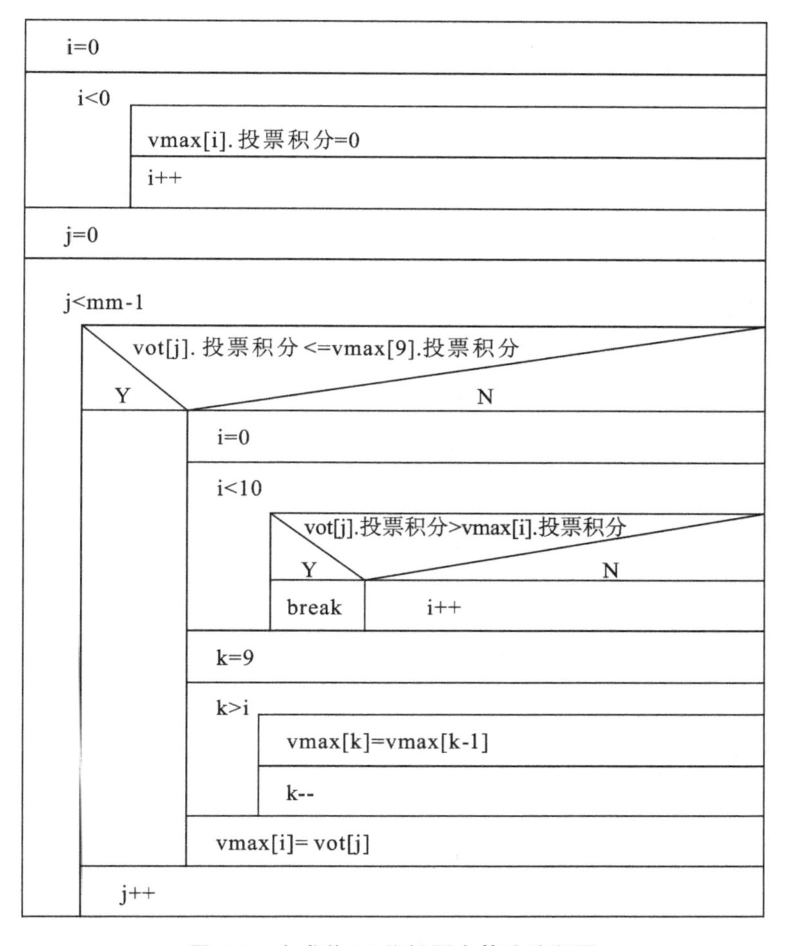

图 4-9 生成前 10 位投票人算法流程图

```
puts("\t\t\t\t 2.查询投票人获奖信息");
puts("\t\t\t\t 3.查询运动员评选结果信息");
puts("\t\t\t\t 4.退出评选系统");
puts("\n\n\t\t ******************************************************\n");
printf("请输入你的选择(1-4):[ ]\b\b");
scanf("%c",&x);fflush(stdin);
if(x>'4'||x<'1')                                /*对选择做判断*/
{w=1;
puts("\n\t\t  请按任意键后重新选择菜单项 ……\n");
getch();
}
else w=0;
}while(w);
switch(x)
{
case '1':check_vote();break;        /*查看选票模块*/
case '2':print_vot10(vmax);break;
```

```
case '3':q_spt();     break;
case '4':cont=0;break;        /*结束菜单循环*/
}
}/*---while(cont)*/
puts("\n\n\t\t************您已经退出十佳运动员有奖评选系统************\n");
puts("\n\t\t ************谢谢使用！ 再见！ ************\n\n");
}
```

根据本系统的流程设计，运行菜单模块进行查询时，选票数据已经得到了计算和处理，十佳运动员与获奖投票人结果都已见分晓，执行查询时，只需要从对应内存变量或者文件中查找数据即可。查询模块的函数代码有大量数据输出语句。以下列出查询模块中选票查询部分有关函数的代码。其他部分的查询代码，读者可以自己写出。

```
void check_vote()     /*选票信息查询 */
{
    int w;char x;int Menu_v=1;
    while(Menu_v)
    {
        do
        {puts("\t\t***************选票查询菜单*****************\n\n");
        puts("\t\t\t\t 1.浏览所有选票\n\n");
        puts("\t\t\t\t 2.按号码查找选票\n\n");
        puts("\t\t\t\t 3.返回主菜单\n\n");
        puts("\t\t ***********************************************\n\n");
        printf("你的选择是(1-3):[ ]\b\b");
        scanf("%c",&x);fflush(stdin);
        if(x>'3'&&x<'1')          /*对选择的数字做判断*/
        {
            w=1;
            puts("\n\t\t  请重新选择 ……\n");
            getch();
        }
        else  { w=0;}
        }while(w);
        switch(x)
        {
        case '1':browse_vote();break;        /*浏览选票信息*/
        case '2':search_vote();break;          /*查找选票*/
        case '3':Menu_v=0;return;
        }
    }
}
void browse_vote()//浏览选票信息
{
    int j;
```

```
    printf("\n实际有效选票数是%d张\n",mm);
    for(j=0;j<mm;j++)//mm是全局变量,表示实际有效选票数
    {
        if(j%10==0)
        {
            printf("\n请按任意键浏览下一页…");
            getch();
            system("cls");
            show_titlevote();     //浏览选票信息时,每十行显示一次标题
        }
    show_onevote(j);
    }
printf("\n \n请按任意键回 -选票查询-菜单…");
getch();fflush(stdin);
system("cls");
}
void show_titlevote()
{
    printf("\n选票号");
    printf("投票人手机号   姓名 ");
    printf("  \t投选号码 \n");
}
void show_onevote(int j)
{
    int i;
    printf("\n%-8s%-13s%-16s ",vot[j].id,vot[j].mbnb,vot[j].name);
    for(i=0;i<TOP1;i++)
    printf("%-4d",vot[j].a[i]);
    printf("\n");
}
void chtoup(char *st)/*将字符串中的小写字母变成大写字母*/
{
    while(*st){if(*st>='a'&&*st<='z')*st-=32;st++;}
}
void search_vote( )     /*查找选票*/
{
    int i,flag=0;
    char vs[VOTL];/*存储输入的选票号码*/
    printf("请输入要查找的选票号码:\n");
    scanf("%s",vs);
    chtoup(vs);  /*将输入的选票号码中的小写字母变成大写字母*/
    for(i=0;i<mm;i++)
    {
        if(strcmp(vs,vot[i].id)==0)
        {
```

```
                flag=1;
                printf("查找成功! \n");
                show_titlevote();
                show_onevote(i);/*显示一张选票信息*/
                printf("\n 请按任意键回主菜单…\n");
                getch();fflush(stdin);system("cls");
                return;/*选票号码不会重复*/
            }
        }
    if(! flag)
    printf("\n  没找到您要查找的选票。\n  该号码的选票没有提交或者是选票无效。\n");
    printf("\n 请按任意键回 -选票查询-菜单...\n");
        getch();fflush(stdin);
    }
```

4.1.6 程序代码的测试与运行效果

每个模块的代码加入后都要进行模块测试。程序的整体测试是将全部程序代码组合成完整的应用程序之后,先排除语法错误,语法无误后,再测试应用程序是否能够正常运行,逐一纠正查出的错误,补足功能上的缺陷。

测试的目的是找到程序中的错误,所以要在容易出错的地方多多测试运行。

整体测试阶段,要测试系统是否识别数据中的错误并恰当处理。

选票数据文件 vote.txt 是本系统的主要输入数据。测试用的选票数据文件中混有无效数据。测试运行时,将输出结果、结果文件与初始选票文件对比,看是否将无效数据过滤掉。数据文件 vote.txt 中有 3 类无效数据,第一类是选中号码不足 10 个,第二类是电话号码中有数字以外的符号,第三类是电话号码长度不足 11 位。运行效果如图 4-10 和图 4-11 所示。

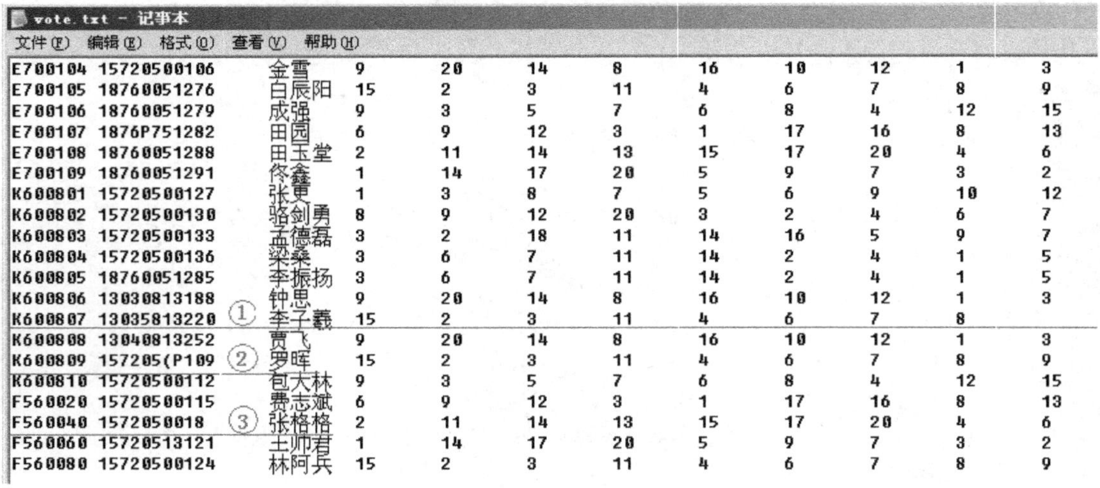

```
vote.txt - 记事本
文件(F) 编辑(E) 格式(O) 查看(V) 帮助(H)
E700104 15720500106     金雪    9   20  14  8   16  10  12  1   3
E700105 18760051276     白辰阳  15  2   3   11  4   6   7   8   9
E700106 18760051279     成强    9   3   5   7   6   8   4   12  15
E700107 1876P751282     田园    6   9   12  3   1   17  16  8   13
E700108 18760051288     田玉堂  2   11  14  13  15  17  20  4   6
E700109 18760051291     佟鑫    1   14  17  20  5   9   7   3   2
K600801 15720500127     张更    1   3   8   7   5   6   9   10  12
K600802 15720500130     骆剑勇  8   9   12  20  3   2   4   6   7
K600803 15720500133     孟德磊  3   2   18  11  14  16  5   9   7
K600804 15720500136     梁桑    3   6   7   11  14  2   4   1   5
K600805 18760051285     李振扬  3   6   7   11  14  2   4   1   5
K600806 13030813188     钟思    9   20  14  8   16  10  12  1   3
K600807 13035813220  ①  李子羲  15  2   3   11  4   6   7   8
K600808 13040813252     贾飞    9   20  14  8   16  10  12  1   3
K600809 157205(P109  ②  罗晖    15  2   3   11  4   6   7   8   9
K600810 15720500112     包大林  9   3   5   7   6   8   4   12  15
F560020 15720500115     费志斌  6   9   12  3   1   17  16  8   13
F560040 1572050018   ③  张格格  2   11  14  13  15  17  20  4   6
F560060 15720513121     王帅君  1   14  17  20  5   9   7   3   2
F560080 15720500124     林阿兵  15  2   3   11  4   6   7   8   9
```

图 4-10 原始选票数据文件部分内容

对比输入数据文件和运行程序时浏览的结果,可以看到,上文所提到的 3 类无效数据没有出现在浏览时显示出来的数据中,说明它们已经被识别出来并过滤掉了,没有存到内存变量中进入选票的统计。

选票号	投票人手机号	姓名	投选号码								
K600802	15720500130	骆剑勇	8	9	12	20	3	2	4	6	7
K600803	15720500133	孟德磊	3	2	18	11	14	16	5	9	7
K600804	15720500136	梁桑	3	6	7	11	14	2	4	1	5
K600805	18760051285	李振扬	3	6	7	11	14	2	4	1	5
K600806	13030813188	钟思	9	20	14	8	16	10	12	1	3
K600808	13040813252	贾飞	9	20	14	8	16	10	12	1	3
K600810	15720500112	包大林	9	3	5	7	6	8	4	12	15
F560020	15720500115	费志斌	6	9	12	3	1	17	16	8	13
F560060	15720513121	王帅君	1	14	17	20	5	9	7	3	2
F560080	15720500124	林阿兵	15	2	3	11	4	6	7	8	9

请按任意键浏览下一页 . . .

图 4-11 浏览选票显示的内容

在测试阶段，对每一级菜单中的每一选项都进行了测试运行，为的是检验各个函数调用与返回的衔接情况；另外，不断调整输出数据的格式、位置和输出提示的文字内容，使输出数据整齐清晰、输出语句简明易懂无歧义。

4.1.7 讨论

本系统在处理数据时，有些地方处理得比较简单。

例如，评选十佳运动员与获奖投票人时，没有考虑得票数与投票积分相同的情况。这样一来，在第 9 名之后，如果有多位运动员的得票数相同，只会有一位当选，其余得票数相同的人都落选，这种结果就显得不公平。再如，投票规则没有考虑是否严格要求每位投票人(用电话号码标识)只允许填写一张选票。

在现实的开发工作中，开发人员如果意识到了这类问题，就应该主动要求活动举办方补充完善相应排名规则和投票规则，并把这些补充的规则添加到需求分析阶段的相关文档中，开发人员再补充完成后续的算法设计及程序代码编写等工作。

4.2 工资信息管理系统

请开发一个工资信息管理系统，替代原来的手工操作，完成某单位的工资管理与查询。

需要说明的是：本文题目中所谓的工资项目、工资政策、职务、职称等，仅仅是用来举例的，表示实际工作中有类似做法或者存在类似现象，请不要将它们与实际生活中的某个具体单位的工资政策或者职务、职称名称画等号。

某单位的财务管理部门发放职工工资时，根据本单位的劳资人事管理部门转来的职工信息和当前的工资政策，生成职工当月的工资数据。

要求工资信息管理系统能够生成职工工资数据，提供工资数据的浏览、查询、计算与统计功能，也可以添加新的职工信息、修改部分工资项。浏览功能提供分屏显示；查询功能要求能够按照工号、姓名查询；计算与统计功能则提供某些数据的计算与统计结果；修改是根据所提供的工号或者姓名，修改该职工当月的某些工资项目。以上的功能要求提供菜单，实现功能选择，输入数据和结果数据要求用文件永久保存。

劳资人事管理部门转来的“职工信息表”是单位当前在职人员的人事工资信息，偶尔有个别新调入员工的数据没有加到表中时，由劳资人事管理部门提供数据，财务管理部门可以代劳加到表中。

“职工信息表”有以下内容：工号、姓名、基本工资、奖金、扣款、人员类别、职务、职称。

工号是劳资人事管理部门分配给每位职工的唯一编号，不重号，可以由工号找到职工；基本工资、奖金和扣款是具体金额数；人员类别是指该职工是“行政人员”还是“技术人员”。

该单位人员的职务共有八种：行政三级、行政四级、行政五级、行政六级、行政七级、行政八级、初级、无职务。技术职称分为初级、中级、副高级、高级共四个级别，而每个级别又细分为初等、中等、高等，因而，职称分为 13 种(“无职称”＋ 四级各三等共 13 种)。

当前的工资政策指的是不同职务、职称的职务工资与职称工资金额各不相同，具体体现为两个表，即表 4-2 和表 4-3。

表 4-2　职务-工资表

职务	行政三级	行政四级	行政五级	行政六级	行政七级	行政八级	初级	无职务
职务工资	1100	700	450	300	200	150	100	0

表 4-3　职称-工资表

职称	高级			副高级			中级			初级			
	高等	中等	初等	高等	中等	初等	高等	中等	初等	高等	中等	初等	无职称
工资	3000	2000	1200	700	550	400	290	220	150	90	70	50	0

每位职工实际的职务工资与职称工资还要根据本人的人员类别重新计算。人员类别是行政人员的，其职务工资金额按照表 4-2 中的数额计入，如果同时具有技术职称，则按照对应等级的职称工资乘以 30％计入本人的职称工资；人员类别是技术人员的，其职称工资照实际等级的金额计入，如果还担任了行政职务，则按照其职务级别工资乘以 30％计入本人的职务工资。例如某行政人员，职务是“行政五级”，职称是“副高级高等”，则其职务工资为 450 元，职称工资为 210(700×0.3＝210)元。某技术人员职务是“行政六级”，职称是“副高级高等”，则其职务工资为 90(300×0.3＝90)元，职称工资为 700 元。

财务管理部门生成的职工工资数据包括以下内容：工号、姓名、基本工资、奖金、扣款、职务工资、职称工资、应发工资、实发工资、税金。其中：

应发工资＝基本工资＋奖金＋职务工资＋职称工资

实发工资＝应发工资－税金－扣款

税金计算方法：

应发工资≤2000 元时，税金＝0

2000 元＜应发工资≤8000 元时，税金＝(应发工资－2000)×5％

应发工资＞8000 元时，税金＝300＋(应发工资－8000)×10％

1. 分析用户需求，确定系统功能

题目要求开发一个工资信息管理系统，是要求编写一个应用程序来代替财务管理部门以前的部分手工工作，完成单位的工资管理并提供查询服务。只要生成了职工工资的全部数据项，就可以提供关于工资的任何查询。职工的工资数据中有五项内容（工号、姓名、基本工资、奖金、扣款）是从人事管理部门的数据中直接得到的；职务工资、职称工资可以根据工资政策，通过对人事信息表中的"职务"与"职称"数据处理得到；而其他的三项内容"应发工资、税金、实发工资"，都是在前几项数据得出之后，按公式计算出来的。

一般情况下，人事管理部门提前将"职工信息表"交给财务管理部门，以便生成当月工资信息。但是有时新调入人员的信息来得晚一步，人事管理部门会将"职工信息表"的续页补交给财务管理部门。针对这种实际情况，工资信息管理系统也应该具有对应的功能，将"职工信息表"新增人员的内容添加到原始的"职工信息表"文件的末尾。

原始的"职工信息表"，不论它原来是什么格式的文件，都可以方便地将其转化成文本文件，程序可以直接从这个文本文件"ZGXX. txt"中读取所需数据。

读取人事管理部门的职工信息后，工资信息管理系统再根据职务-工资表和职称-工资表，生成职工的工资数据；在此基础上，本系统提供中文的功能选择菜单，菜单选项有职工信息的添加，工资数据的浏览、查询、修改、统计与计算等功能。

职工信息的添加功能可以从键盘输入添加或者从文件中添加（输入内容或者文件都由人事管理部门提供），新增的职工信息同时添加到原始的"职工信息表"文本文件"ZGXX. txt"的末尾。

浏览功能是分屏显示全部职工的工资数据。

查询功能是按照工号、姓名查询某位职工的工资数据。

计算功能提供单位总税金与总奖金金额的计算结果。

统计功能提供基本工资在某指定范围内的职工人数及所占比例的统计结果。

修改功能是根据用户提供的工号或者姓名，修改该职工当月工资的三个项目（基本工资、奖金、扣款）的数值，系统重新计算与前述三项相关的其他项目的数值。这里的修改只是一种临时的改动，能够浏览到这种修改，但是只影响当月的工资数据，保存到当月的工资数据文件，不回写到职工信息表中。修改"职工信息表"中的数据是人事管理部门的权限。

以上的功能选择用菜单实现，系统运行时生成的工资数据用文本文件 GZ. txt 保存，如果用户选择了添加职工信息操作，则添加的数据也同时添加到"职工信息表"文本文件"ZGXX. txt"中。

本系统中的提示用语和功能选择菜单全部使用中文；在添加职工的人员类别、职务和职称时，系统提供选项内容和数字对照表，用户只要输入数字而不必输入具体的文字内容，减少用户的输入工作量和出错可能性。

2. 系统的总体分析与设计过程

根据前面的需求分析，可以对系统进行图 4-12 所示的功能模块的划分。系统运行过程的概略流程图如图 4-13 所示。

从系统的功能模块划分来看，该系统分为 9 个模块，从流程图可知，读取数据和保存数据两个模块不在菜单选择范围之中，因为这两项功能是系统必须完成的任务，不是可选项，读取原始数据、生成工资数据是提供菜单选择的基础，在显示菜单之前要完成；保存数据的工作在用户选择"结束"之后、程序运行结束前必须进行，保存数据也就是保存本次运行程序的工作成果。

1) 用户自定义数据类型的设计

工资信息管理系统中，职工的数据要使用结构体类型的变量来存储表示，定义一个工资

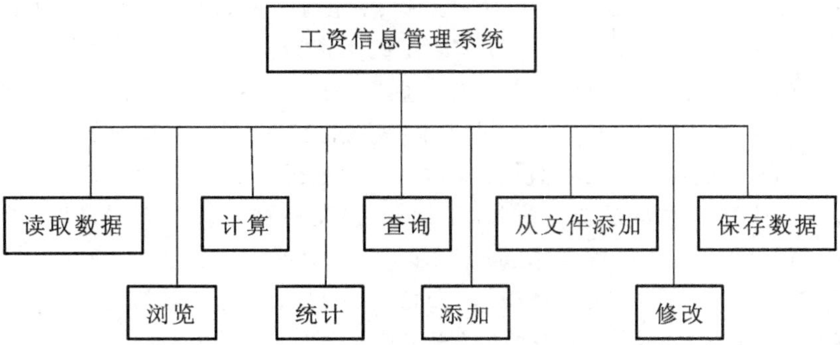

工资信息管理系统

读取数据 浏览 计算 统计 查询 添加 从文件添加 修改 保存数据

图 4-12　系统功能模块划分图

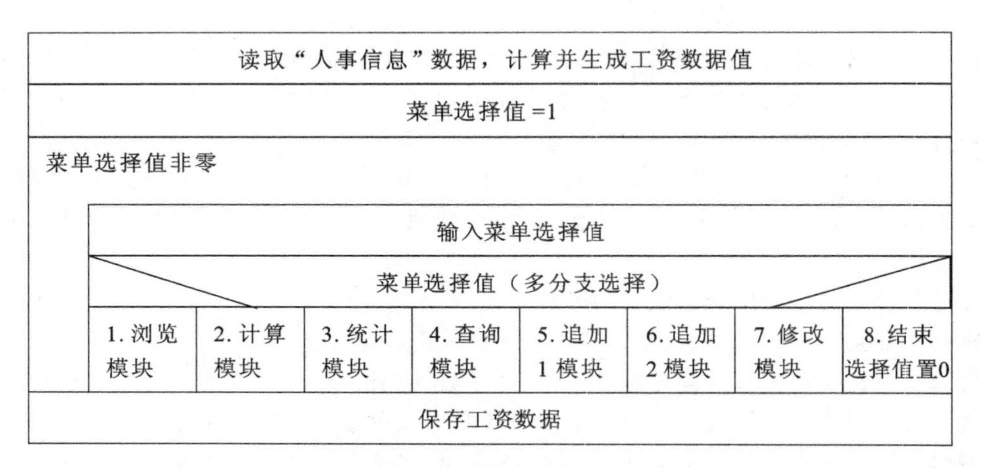

图 4-13　系统运行过程概略流程图

信息结构体类型表示职工的工资信息。该结构体类型的成员，应该包含职工工资数据的全部项目，即工号、姓名、基本工资、奖金、扣款、职务工资、职称工资、应发工资、实发工资、税金共计 10 项。工资中有 5 项数据是直接从职工信息表文件中读取的，还有 5 项是后来生成的，其中，职务工资和职称工资要先查表，再根据“人员类别”来重新计算，所以在工资信息结构体中增加一个成员，用来保存“人员类别”的数据。这样，定义一个职工的工资信息结构体类型如下：

```
typedef struct employee
{
    char code[8];/*工号*/
    char name[20];/*姓名*/
    float jiben;/*基本工资*/
    float jiang;/*奖金*/
    float kou;/*扣款*/
    char leibie[6];/*人员类别*/
    float mzwu;/*职务工资*/
    float mzcheng;/*职称工资*/
    float yingfa;/*应发工资*/
    float shifa;/*实发工资*/
    float  shui;/*税款*/
}EMP;
```

2）数据文件

职工工资的初始数据来自人事管理部门的职工信息表。职工信息表中有8项内容：工号、姓名、基本工资、奖金、扣款、人员类别、职务、职称。为了程序中处理数据更加方便，要对文件中数据的类型进行设计。在本系统中，职工信息表对应的文本文件“ZGXX.txt”中工号、姓名、人员类别使用字符数组来表示；基本工资、奖金、扣款使用实数来表示；使用整数来表示职务和职称的级别。

职务和职称两项的原始数据如果是文字（字符数组）形式，可以通过“查找替换”操作将其更换成整数表示形式，将原来的职务和职称名称变成现在的职务和职称的编号表示方法。从“编号”转换成“工资”比从“名称”转换成“工资”来得更加方便。

例如，8种不同职务，按照职务名所对应职务工资由低到高的顺序，用整数0到7来表示；再使用有8个元素的整型数组，其下标是0到7，存储8个级别的职务工资的金额数。

```
int m_wu[8]={0,100,150,200,300,450,700,1100};
```

这样一来，在该数组元素中，职务编号与职务工资值有一种对应关系。具体地说，职务编号是x的职工，其职务工资就是m_wu[x]。由职务编号就可以直接得到职务工资，不需要进行比较判断，比起从文字表示的职务得到职务工资要方便得多。

职称的表示方法和转化成职称工资的方法，与职务类似。

3）宏和全局变量定义

一个单位的人员编制数通常是稳定在一个大致范围内的，一般来说变化不大，所以，使用宏定义单位人员数量上限数值是合理的。

在程序处理过程中，要使用结构体数组来存储职工工资数据，该数据在不同的函数中都会使用，可以将该数组定义为全局变量。

为了数据转化处理的方便，将职务名、职务工资、职称名、职称工资定义成全局数组并初始化。

本系统中的宏定义和全局变量的定义如下：

```
#define NN100  /*职工人数<NN*/
EMP p[NN];
int nn=0;  /*nn对应实际职工人数*/
char zhiwu[8][10]={"无职务","初级","行政八级","行政七级","行政六级",
"行政五级","行政四级","行政三级"};
int m_wu[8]={0,100,150,200,300,450,700,1100};
char zhicheng[13][12]={"无职称","初级初等","初级中等","初级高等",
"中级初等","中级中等","中级高等","副高级初等","副高级中等",
"副高级高等","高级初等","高级中等","高级高等"};
int m_cheng[13]={0,50,70,90,150,220,290,400,550,700,1200,2000,3000};
```

4）系统的主要函数

系统的每个模块对应着一个函数，系统的主要函数有：

```
void Read_file();/*--数据读入模块 --*/
void Append();/*--  从键盘追加数据   --*/
void File_add();/*--  从文件追加数据   --*/
void Find();/*--  查找模块  --*/
void Brow();/*--  浏览模块  --*/
void Chng();/*--  修改模块  --*/
void Calt();/*--  计算模块  --*/
void Stcs();/*--  统计模块  --*/
void Writ_file();/*--数据保存模块 --*/
void menu();/*--菜单 --*/
```

5）其他说明

工资信息管理系统是单位的财务管理部门对工资数据进行管理的应用系统，工资的初始数据来自人事管理部门的职工信息表。从实际工作的权限来说，修改职工信息是劳资人事管理部门的权限，财务管理部门根据给定的人事信息和工资政策，主要完成职工工资的核算工作。在本系统中，追加的职工信息来自人事管理部门，并且要同时追加到职工信息表；修改模块可以修改职工的基本工资、奖金、扣款，这种修改只限于当月的工资数据，修改后的结果只写到工资文件(GZ. txt)中，并不改回到职工信息表的对应项目。

从编程的角度可以轻而易举地更改许多数据，例如职工的姓名、工号等。但是，如果在应用程序中将技术上能完成的操作都一一去实现，或者将其功能提供给用户选择执行，则有时不是带来便利，反而会引起混乱，带来麻烦。所以，在设计系统的功能时，要尽量完成用户提出的所有要求，不能在未与用户做深入交流讨论的情况下，自作主张地给用户提供他们所不希望的“便利”。

在输入数据的操作中，要尽量减少用户的操作负担。有些用字符数组来存储的数据，其文字内容是可以预知的或者固定的有限的几种，例如职工的职务名称、职称名称、政治面貌等。在输入这类数据时，有比较多的文字，应用程序最好是列出选项，让用户输入一个编号(字母或数字)进行选择，而不是逐字输入全部的文字内容；应用程序随后再将用户输入的选择编号转化成对应的数据存储到相应变量中去。这样做一来可以免除用户逐字输入文字的工作量，二来也避免了输入文字内容时出错导致之后的查找不成功。比如大小写的不同、多出一个空格、汉字的两个不同的同音字等的差别，都会使字符串的比较结果发生差异。

3. 模块设计与代码编写过程

根据系统总体设计，程序中的各功能模块除了读取数据和保存数据模块之外，其他模块都是由菜单函数调用执行的。程序的主函数代码如下。

```
main()
{
    Read_file();//读工资信息文件
    menu();
    Writ_file();//写文件
}
```

1）读取数据模块

本模块的任务是将职工信息数据文件 ZGXX. txt 中的数据读入，读完为止；根据职工信息数据生成职工的工资数据，存储到结构体数组 p[]。

原始数据文件中的数据项共有 8 项内容。工资结构体数组的成员有工号、姓名、基本工资、奖金、扣款、人员类别、职务工资、职称工资、应发工资、实发工资、税金，共 11 项，其中 6 项与原始数据文件中的内容相同，可以直接从数据文件读入。存储到工资结构体数组的有下列成员变量：

```
p[nn].code,p[nn].name[20],p[nn].jiben,p[nn].jiang,p[nn].kou,p[nn].leibie[6];
```

原始数据文件中其余的两项数据是职务编号和职称编号，不能直接读入，先用整型变量 zw 和 zc 保存，再使用下列语句转换，得到职务工资和职称工资的初始值。

```
p[nn].mzwu=m_wu[zw];p[nn].mzcheng=m_cheng[zc];
```

工资结构体数组中还有 3 项成员是根据已有数据计算得到的，它们是应发工资、税金和实发工资。其对应的数据计算赋值语句为：

```
p[nn].yingfa=p[nn].jiben+p[nn].jiang+p[nn].mzwu+p[nn].mzcheng;
if(p[nn].yingfa<=2000) p[nn].shui=0;
else if(p[nn].yingfa<=8000) p[nn].shui=(p[nn].yingfa-2000)*0.05;
else p[nn].shui=300+(p[nn].yingfa-8000)*0.1;
p[nn].shifa=p[nn].yingfa-p[nn].shui-p[nn].kou;
```

读取数据模块对应的函数为 Read_file(),函数的流程图如图 4-14 所示。

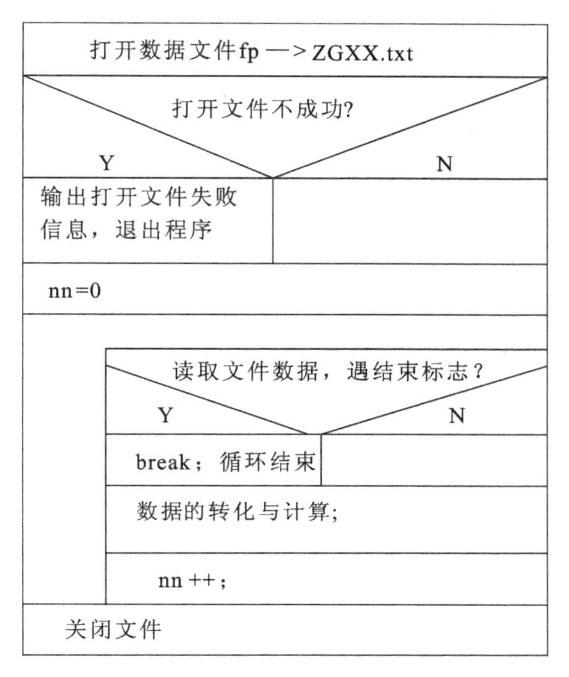

图 4-14　函数 Read_file()流程图

函数 Read_file()的代码如下：

```
/****************读取数据模块****************/
void Read_file()
{
    FILE *fp;
    int zw,zc;
    if((fp=fopen("ZGXX.txt","r"))==NULL) /*以读方式打开*/
        {printf("\n 无法打开职工信息数据文件……\n");
        exit(0);
        }
    for(nn=0;;nn++)
    {
        if(fscanf(fp,"%s%s%f%f%f",p[nn].code,p[nn].name,&p[nn].jiben,&p
        [nn].jiang,&p[nn].kou)==EOF) break;
        fscanf(fp,"%s%d%d",p[nn].leibie,&zw,&zc);
        p[nn].mzwu=m_wu[zw];p[nn].mzcheng=m_cheng[zc];
        if(strcmp(p[nn].leibie,"行政")==0) p[nn].mzcheng=0.3*p[nn].mzcheng;
        if(strcmp(p[nn].leibie,"技术")==0) p[nn].mzwu=0.3*p[nn].mzwu;
        p[nn].yingfa=p[nn].jiben+p[nn].jiang+p[nn].mzwu+p[nn].mzcheng;
        if(p[nn].yingfa<=2000) p[nn].shui=0;
```

```
        else if(p[nn].yingfa<=8000) p[nn].shui=(p[nn].yingfa- 2000)*0.05;
        else p[nn].shui=300+(p[nn].yingfa-8000)*0.1;
        p[nn].shifa=p[nn].yingfa-p[nn].shui-p[nn].kou;
        }
    fclose(fp);
}
```

2) 从文件追加数据模块

该模块对应的函数为 File_add(),函数的功能是读取追加数据文件中的数据并将其添加到原始数据文件中去。与读取数据模块相比,该模块多了一个功能,就是要将从追加数据文件中读到的数据添加到原始数据文件中去。在这里只使用了一个循环,每读取一个职工的数据,马上写回到原始文件,立即转化成工资数据。

如果另外专门定义了职工信息结构体类型和相应的数组,则将读数和数据写回文件分别使用两个独立的循环来完成,会使程序结构更加清晰。

函数 File_add()具体处理过程如下:

```
void File_add()
{
    FILE *fp1,*fp2;
    int zw,zc;
    char fname[20];
    fflush(stdin);
    printf("\n 请输入含有要添加职工信息的数据文件名(包括扩展名)……\n");
    scanf("%s",fname);
    if((fp1=fopen(fname,"r"))==NULL)  /*fname是添加数据的来源文件名*/
        {printf("\n 无法打开职工信息数据文件 ……\n");
        exit(0);
        }
    if((fp2=fopen("ZGXX.txt","a"))==NULL) /*以追加方式打开职工信息文件*/
        {printf("\n 无法打开职工信息数据文件 ……\n");
        exit(0);
        }
    for(;;nn++)
    {
        if(fscanf(fp1,"%s%s%f%f%f",p[nn].code,p[nn].name,&p[nn].jiben,&p
        [nn].jiang,&p[nn].kou)==EOF) break;
        fscanf(fp1,"%s%d%d",p[nn].leibie,&zw,&zc);
        /*----追加到职工信息文件 ------*/
        fprintf(fp2,"%s\t%s\t%.2f\t%.2f\t",p[nn].code,p[nn].name,p[nn].
        jiben,p[nn].jiang);
        fprintf(fp2,"%.2f\t%s\t%d\t%d\n",p[nn].kou,p[nn].leibie,zw,zc);
        /*----  转化为工资数据 ------*/
        p[nn].mzwu=m_wu[zw];
        p[nn].mzcheng=m_cheng[zc];
        if(strcmp(p[nn].leibie,"行政")==0) p[nn].mzcheng=0.3*p[nn].mzcheng;
        if(strcmp(p[nn].leibie,"技术")==0) p[nn].mzwu=0.3*p[nn].mzwu;
        p[nn].yingfa=p[nn].jiben+p[nn].jiang+p[nn].mzwu+p[nn].mzcheng;
```

```
        if(p[nn].yingfa<=2000) p[nn].shui=0;
        else if(p[nn].yingfa<=8000) p[nn].shui=(p[nn].yingfa- 2000)*0.05;
        else p[nn].shui=300+(p[nn].yingfa-8000)*0.1;
        p[nn].shifa=p[nn].yingfa-p[nn].shui-p[nn].kou;
    }
    fclose(fp1);
    fclose(fp2);
}
```

3）从键盘追加数据模块

从键盘输入数据最忌讳的是输入了错误的数据。输入数据的人很可能因为对数据不了解、不熟悉，对数据正确与否不敏感，在输入操作时输入了错误的数据却常常难以察觉。所以在编程时，只要有可能，就要对输入数据进行控制和检测，减少输入错误的产生。对于只有有限几种取值的数据项，程序中列出所有选项供用户选择，不让用户输入具体值，只输入选项对应的编号，可以减少输入出错机会。

从键盘追加数据模块由函数 Append()实现，在追加输入职工的人员类别、职务、职称时，程序列出所有可能的选项内容，用户只需要输入选项数字，程序存储对应的数据。函数 Append()的流程图如图 4-15 所示。

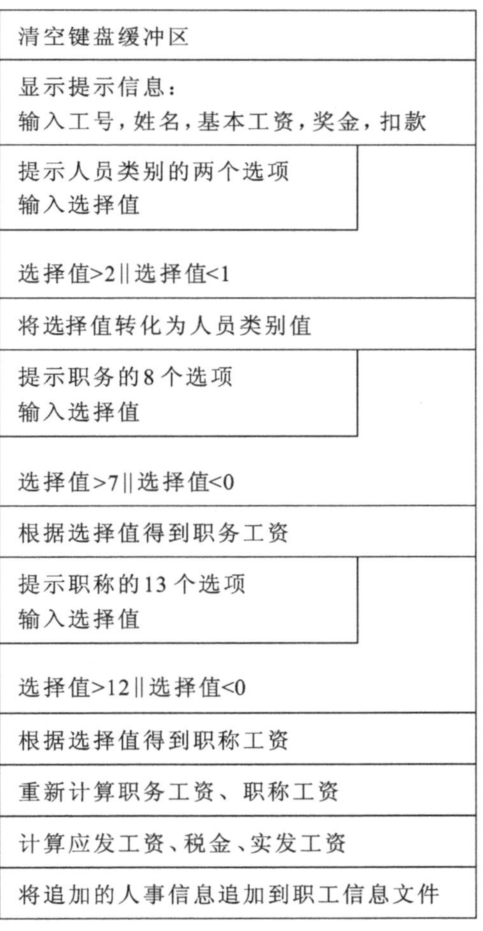

图 4-15　函数 Append()的流程图

函数 Append()的代码如下：

```
/****************从键盘追加一个职工的信息****************/
void Append()
{
    int z1,z2,i;
    char ch;
    FILE *fp;
    fflush(stdin);
    printf("\n\n 请输入待增加职工的相关信息:\n");
    printf("工号(不含空格):");scanf("%s",p[nn].code);
    printf("姓名(不含空格):");scanf("%s",p[nn].name);
    printf("基本工资:");scanf("%f",&p[nn].jiben);
    printf("奖金:");scanf("%f",&p[nn].jiang);
    printf("扣款:");scanf("%f",&p[nn].kou);
    fflush(stdin);
    do{
        printf(" 人员类别请输入 1 或 2 :1—行政人员,2—技术人员\n");//scanf("%d",&z1);
        scanf("%c",&ch);fflush(stdin);z1=ch-48;// scanf("%d",&z1);
        if(z1==1) strcpy(p[nn].leibie,"行政");
        else if(z1==2)strcpy(p[nn].leibie,"技术");
        }while(z1<1||z1>2);
    do{
        printf(" 请输入数字 0 到 7 表示职务\n");
        for(i=0;i<4;i++)printf("%3d:%s%",i,zhiwu[i]);printf("\n");
        for(i=4;i<8;i++)printf("%3d:%s%",i,zhiwu[i]);printf("\n\n");
        scanf("%c",&ch);fflush(stdin);z1=ch-48;  // scanf("%d",&z1);
        }while(z1>7||z1<0);
        p[nn].mzwu=m_wu[z1];
    do{
        printf(" 请输入数字 0 到 12 表示职称\n");
        for(i=0;i<4;i++)printf("%3d:%s%",i,zhicheng[i]);printf("\n");
        for(i=4;i<8;i++)printf("%3d:%s%",i,zhicheng[i]);printf("\n");
        for(i=8;i<13;i++)printf("%3d:%s%",i,zhicheng[i]);printf("\n\n");
        scanf("%c",&ch);fflush(stdin);z2=ch-48;    // scanf("%d",&z2);
        }while(z2>12||z2<0);
    p[nn].mzcheng=m_cheng[z2];
    if(strcmp(p[nn].leibie,"行政")==0) p[nn].mzcheng=0.3*p[nn].mzcheng;
    if(strcmp(p[nn].leibie,"技术")==0) p[nn].mzwu=0.3*p[nn].mzwu;
    p[nn].yingfa=p[nn].jiben+p[nn].jiang+p[nn].mzwu+p[nn].mzcheng;
    if(p[nn].yingfa<=2000) p[nn].shui=0;
    else if(p[nn].yingfa<=8000) p[nn].shui=(p[nn].yingfa- 2000)*0.05;
    else p[nn].shui=300+(p[nn].yingfa-8000)*0.1;
    p[nn].shifa=p[nn].yingfa-p[nn].shui-p[nn].kou;
    i=nn;
    nn++;
    printf("\n\n 新增加职工的相关信息如下:\n");
```

```
        printf("工号      姓名      基本工资   奖金 ");
        printf("类别   扣款      职务      职称\n");
        printf("%-8s%-10s%6.0f%6.0f",p[i].code,p[i].name,p[i].jiben,p[i].jiang);
        printf("%8s%6.0f%10s%12s \n",p[i].leibie,p[i].kou,zhiwu[z1],zhicheng[z2]);
        /*----回写到职工信息文件 ------*/
        if((fp=fopen("ZGXX.txt","a"))==NULL) /*以追加方式打开*/
        {
            printf("\n 无法打开职工信息数据文件 ……\n");
            exit(0);
        }
        fprintf(fp,"%s\t%s\t%.2f\t%.2f\t",p[i].code,p[i].name,p[i].jiben,p[i].jiang);
        fprintf(fp,"%.2f\t%s\t%d\t%d\n",p[i].kou,p[i].leibie,z1,z2);
        fclose(fp);
    }
```

4）修改模块

修改模块的功能由函数 Chng()完成。该函数根据用户提供的工号或者姓名，可以修改该职工当月工资的三项数值（基本工资、奖金、扣款）。因为这三项中任意一项有变化，都会影响应发工资、税金和实发工资的值，所以，用户修改基本工资、奖金、扣款的数值之后，程序还要重新计算应发工资、税金和实发工资的值。

在选择了修改模块之后，用户可能并不是想修改全部的三项数据，或者只修改其中一两项数据，甚至有可能不想修改任何数据。不论出现哪种情况，程序都要适当地处理，让用户能按照自己的想法去完成任务。

用户选择了修改功能，程序会要求输入修改后的新数值，程序中会有一个键盘输入语句来接收用户输入的数据。理想情况是，用户输入一个新数值。但是，如果用户此时并不想修改该项数据，程序却要求他无论如何都要输入一个数值（比如说原始值）才能往下执行，否则运行界面停止不动，这种设计会让人觉得别扭、麻烦；如果用户不修改原始数据，程序只要求按一个回车，这样操作就会让人感到比较合理、自然、容易接受。

函数 Chng()中，要求用户输入修改后的新数值时，先提示原始值，如果用户要修改，则输入新值，不修改则按回车。为了适应两种不同的输入内容（一个实数或者回车），这里的输入数据使用字符数组来存储。数据输入完成后，再根据字符数组中数据内容进行判断处理，如果收到的数据中含有数字字符，则将该字符数组内容转化成一个实数（调用一个函数 Get_v();），用该实数值修改相应的工资项；如果是回车，则对应工资项的值不变。以下是函数 Chng()的程序代码。

```
    void Chng()
    {
        char str[20];
        char num[10],c1;
        float value;
        int i,k=-1,fd=0;
        fflush(stdin);
        printf(" \n\n\n 请输入你要修改数据职工的工号或者姓名 \n");
```

```
    gets(str);
    for(i=0;i<nn;i++)
    if((strcmp(p[i].code,str)==0)||(strcmp(p[i].name,str)==0))
    {fd=1;k=i;break;}
    if(k==-1) printf("没找到你要查的数据……\n");
    else
       {printf(" 原始数据如下:\n");
       printf("工号   姓名\n");
       printf("%-8s%-10s\n",p[i].code,p[i].name);
       printf("\n\n 原基本工资:%6.2f 请输入新值,不改则按回车\n",p[i].jiben);
       gets(num);
       c1=num[0];if(isxdigit(c1))  p[i].jiben=Get_v(num);
       printf(" 原奖金:%6.2f 请输入新值,不改则按回车\n",p[i].jiang);
       gets(num);
       c1=num[0];if(isxdigit(c1)) p[i].jiang=Get_v(num);
       printf(" 原扣款:%6.2f 请输入新值,不改则按回车\n",p[i].kou);
       gets(num);
       c1=num[0];if(isxdigit(c1))  p[i].kou=Get_v(num);
       printf(" 修改后的数据如下:\n");
       printf("工号   姓名\t 基本工资   奖金   扣款\n");
       printf("%-8s%-10s%6.2f%6.2f%6.2f\n ",p[i].code,p[i].name,p[i].
       jiben,p[i].jiang,p[i].kou);
       /*------修改其余项-------不改回基本信息表-----*/
       p[i].yingfa=p[i].jiben+p[i].jiang+p[i].mzwu+p[i].mzcheng;
       if(p[i].yingfa<=2000) p[i].shui=0;
       else if(p[i].yingfa<=8000) p[i].shui=(p[i].yingfa- 2000)*0.05;
       else p[i].shui=300+(p[i].yingfa-8000)*0.1;
       p[i].shifa=p[i].yingfa-p[i].shui-p[i].kou;
       }
}
```

函数 Get_v(char *num)返回表示实数的字符串 num 的实数数值。其代码如下:

```
float Get_v(char *num)
{
    char *c=num;
    float value=0,f;
    while(*c>='0'&&*c<='9')  { value=value*10+(*c-48);c++;}
    if(*c=='.')
       {c++;
       f=10;
       while(*c)  {value=value+(*c-48)/f;f*=10;c++;}
       }
    return value;
}
```

修改模块的流程图如图 4-16 所示。

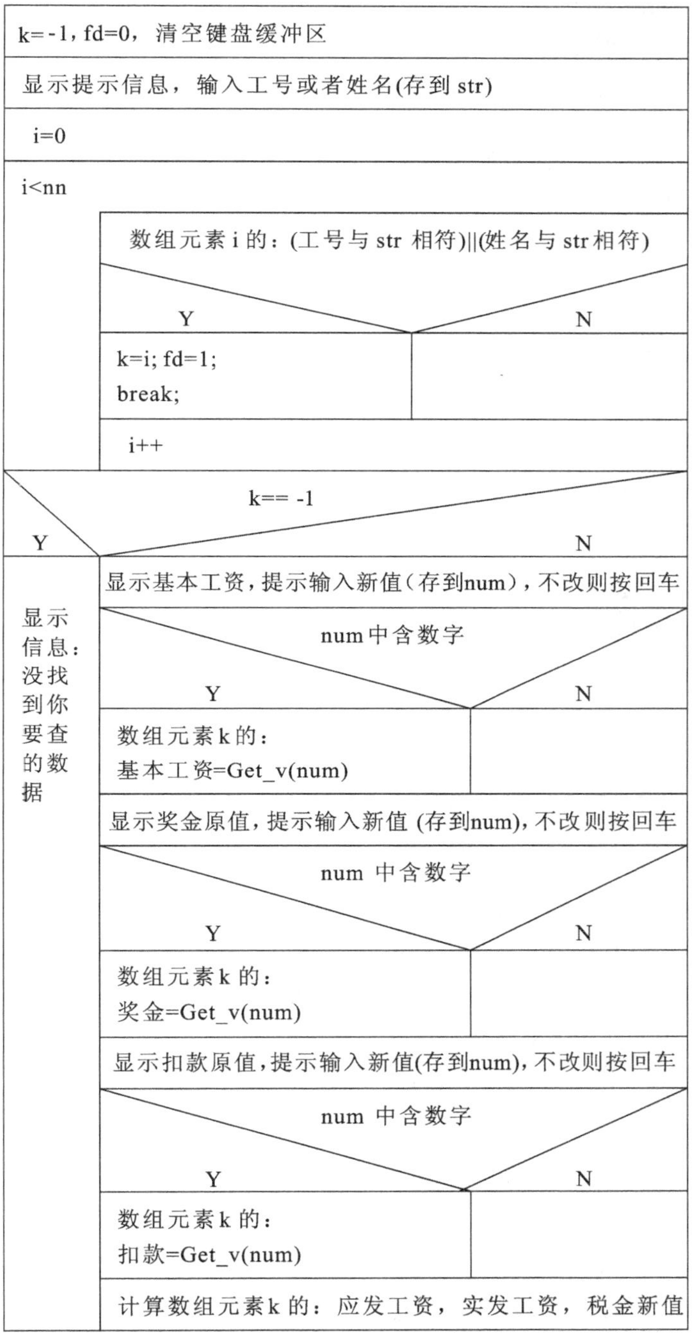

k=-1，fd=0，清空键盘缓冲区

显示提示信息，输入工号或者姓名(存到 str)

i=0

i<nn

数组元素 i 的：(工号与 str 相符)||(姓名与 str 相符)

Y　N

k=i; fd=1;
break;

i++

k== -1

Y　N

显示信息：没找到你要查的数据

显示基本工资，提示输入新值（存到num），不改则按回车

num 中含数字

Y　N

数组元素 k 的：
基本工资=Get_v(num)

显示奖金原值，提示输入新值 (存到num)，不改则按回车

num 中含数字

Y　N

数组元素 k 的：
奖金=Get_v(num)

显示扣款原值，提示输入新值(存到num)，不改则按回车

num 中含数字

Y　N

数组元素 k 的：
扣款=Get_v(num)

计算数组元素k 的：应发工资，实发工资，税金新值

图 4-16　函数 Chng( )的流程图

5）查找模块

查找模块的功能由函数 Find()来实现。查找是要根据用户给出的工号或者姓名，显示出该职工的工资数据。因为查找模块功能与修改模块前部分的功能大体相似，只是找到后，直接显示输出找到的数组元素的值，在算法上比修改模块更为简单，在此不再详述。

6）浏览模块

浏览模块的功能由函数 Brow()实现。浏览是分屏显示职工的工资数据，算法简单，相信读者很容易写出其代码，在此就不列出。但是要注意，最好是在一行能显示一个职工的全部数据，同时数据同一列要大致对齐。

7）计算模块与统计模块

本系统中的计算模块与统计模块分别由函数 Calt()和 Stcs()实现。由于两个函数的算法都比较简单，流程图就省略，在此列出其函数代码。

```
/****************计算模块****************/
void Calt()
{
    float tax=0,prize=0;
    int i;
    for(i=0;i<nn;i++)
    {
        tax+=p[i].shui;
        prize+=p[i].jiang;
    }
    system("cls");
     printf("\n\n\n 总人数为:%d \n 共缴纳税金%.2f 元,奖金总额为%.2f 元\n",nn,tax,prize);
}
/****************统计模块****************/
void Stcs()
{
    float x1,x2;
    int i,m=0;
    printf("\n\n\n 请输入要统计人数的基本工资范围\n");
    printf("基本工资起点值(含): \n");scanf("%f",&x1);
    printf("基本工资终点值(含): \n");scanf("%f",&x2);
    for(i=0;i<nn;i++)
    if(p[i].jiben>=x1&&p[i].jiben<=x2)  m++;
    system("cls");
    printf("\n\n\n\n 本单位总人数为:%d 人\n",nn);
    printf("\n 基本工资不低于%.2f 元,且不高于%.2f 元的人数为:%d 人\n",x1,x2,m);
    printf("\n 占人数比例:%.2f%%\n",(float)m*100/nn);
}
```

8）保存数据模块

保存数据模块的功能由函数 Writ_file()完成。该函数的算法简单，使用一个循环结构将工资结构体数组全部元素的数据成员值输出到文件 GZ.txt 中保存。

工资数据中大多数数据为实数，如果直接使用格式%f 输出，默认是输出 6 位小数，工资值本来只有 2 位小数，实际上小数部分还经常是形同虚设，输出 6 位小数没有意义，显得凌乱又分散注意力。可以使用%.1f 或者%.2f 格式输出工资的各项数据。本系统使用%.1f 格式输出。不同数值之间要注意留空以便于区别。

在保存数据模块，要将工资结构体数组元素的全部成员数值都保存到文件中，对于每位职工，有 11 项数据，在程序代码中，如果使用一个语句输出这 11 项数据，因为数据项多，容易出错，有错也较难发现。在函数 Writ_file() 的代码中，分 3 个语句来完成全部 11 项数据的输出。

在输入、输出数据时，通常情况下，建议一个语句中的数据项不要超过5项。

```
/****************保存数据模块****************/
void Writ_file()
{
    int i;
    FILE *fp;
    if((fp=fopen("GZ.txt","w"))==NULL)
        {printf("\n 无法打开工资数据文件 ……\n");
        exit(0);
        }
    for(i=0;i<nn;i++)
        {fprintf(fp,"%-8s%-20s\t%.1f\t%.1f\t%.1f",p[i].code,p[i].name,p
        [i].jiben,p[i].jiang,p[i].kou);
        fprintf(fp,"%10s%.1f\t%.1f ",p[i].leibie,p[i].mzwu,p[i].mzcheng);
        fprintf(fp,"\t%.1f\t%.1f\t%.1f\n",p[i].yingfa,p[i].shifa,p[i].shui);
        }
    fclose(fp);
}
```

9）菜单

本系统中的菜单函数使用了一个循环结构，循环体是一个多分支选择结构。如果用户选择某项功能，则根据输入的选项值，调用选项值所对应模块的函数完成用户希望的功能，该函数调用结束后返回到菜单函数（主调函数），进入下次循环。如果用户输入的是“结束”对应的选项，则会使循环结束的条件成立，菜单函数的执行结束，程序进入下一功能模块，保存数据模块。菜单函数代码如下。

```
/****************菜单****************/
void menu()
{   int sele=1;
    while(sele)
{
    system("cls");
    printf("\n\n\n\n");
    printf("    ****************************************\n");
    printf("    *                                      *\n");
    printf("    *   1:浏览            2:计算           *\n");
    printf("    *                                      *\n");
    printf("    *   3:统计            4:查询           *\n");
    printf("    *                                      *\n");
    printf("    *   5:添加            6:从文件添加     *\n");
    printf("    *                                      *\n");
    printf("    *   7.修改            8.退出           *\n");
    printf("    *                                      *\n");
    printf("    ****************************************\n");
    printf("\n\n 请选择功能序号:");
```

```
    scanf("%d",&sele);
    switch(sele)
    {case 1:Brow();break;
    case 2:Calt();break;
    case 3:Stcs();break;
    case 4:Find();break;
    case 5:Append();break;
    case 6:File_add();break;
    case 7:Chng();break;
    case 8:sele=0;break;
    }
  printf("\n\n按任意键继续\n");
  getch();
  }
}
```

4. 代码测试与程序运行

本系统重点测试的模块是从键盘追加数据模块的函数 Append()和修改模块的函数 Chng()。在本程序中,这两个函数中有较多的输入与输出语句。

函数 Append()要求用户从键盘输入职工信息。其中,在要求输入人员类别时,程序列出两种类别名称,用户只要输入选择值 1 或者 2,试运行时先送入的是数字 4,后送入程序所希望的范围中的数 2。运行截图如图 4-17 所示,程序运行顺利。

```
     ************************************
     *                                  *
     *   1: 浏览            2: 计算      *
     *                                  *
     *   3: 统计            4: 查询      *
     *                                  *
     *   5: 添加            6:从文件添加 *
     *                                  *
     *   7. 修改            8. 退出      *
     *                                  *
     ************************************


请选择功能序号: 5


 请输入待增加职工的相关信息:
工号(不含空格):D1009
姓名(不含空格):杜娟
基本工资:3800
奖金:900
扣款:0
 人员类别请输入 1 或 2 : 1—行政人员, 2—技术人员
4
 人员类别请输入 1 或 2 : 1—行政人员, 2—技术人员
2
 请输入数字 0 到 7 表示职务
  0:无职务   1:初级   2:行政八级   3:行政七级
  4:行政六级   5:行政五级   6:行政四级   7:行政三级
```

图 4-17 追加数据模块运行截图-1

但是，要求输入人员类别时，如果用户输入的根本就不是数字，情况会怎么样呢？没有输入数字，而是输入了一个字母 h，此时程序出现了死循环，运行界面截图如图 4-18 所示。

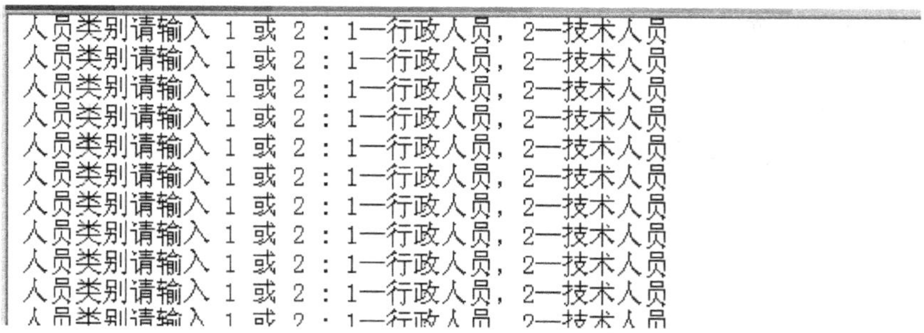

```
人员类别请输入 1 或 2 : 1—行政人员, 2—技术人员
人员类别请输入 1 或 2 : 1—行政人员, 2—技术人员
人员类别请输入 1 或 2 : 1—行政人员, 2—技术人员
人员类别请输入 1 或 2 : 1—行政人员, 2—技术人员
人员类别请输入 1 或 2 : 1—行政人员, 2—技术人员
人员类别请输入 1 或 2 : 1—行政人员, 2—技术人员
人员类别请输入 1 或 2 : 1—行政人员, 2—技术人员
人员类别请输入 1 或 2 : 1—行政人员, 2—技术人员
人员类别请输入 1 或 2 : 1—行政人员, 2—技术人员
人员类别请输入 1 或 2 : 1—行政人员, 2—技术人员
人员类别请输入 1 或 2 : 1—行政人员, 2—技术人员
```

图 4-18　追加数据模块运行截图-2

分析：

该段程序代码为：

```
do{
    printf("人员类别请输入 1 或 2 :1—行政人员,2—技术人员\n");
    scanf("%d",&z1);
    if(z1==1) strcpy(p[nn].leibie,"行政");
    else if(z1==2)strcpy(p[nn].leibie,"技术");
}while(z1<1||z1>2);
```

执行输入语句 scanf("%d",&z1);时，实际输入的不是数而是字母 h，输入内容（字符）与规定的整数格式（%d）不符，导致程序死循环。所以，这个输入语句必须要修改，要使得不论用户输入什么类型的数据，语句都不出错。格式输入函数中的数据格式要改成%c 才可以确保这一条语句顺利执行。

先让输入不出错，再设法把输入的内容取出来使用。将原来的代码段改为：

```
do{
    printf("人员类别请输入 1 或 2 :1—行政人员,2—技术人员\n");
    scanf("%c",&ch);fflush(stdin);
    z1=ch-48;
    if(z1==1) strcpy(p[nn].leibie,"行政");
    else if(z1==2)strcpy(p[nn].leibie,"技术");
}while(z1<1||z1>2);
```

输入的数据按照字符格式（%c）接收，再将字符转化为整数。如果是数字字符，得到该数字字符字面上的数。修改后的代码中，增加一个函数调用 fflush(stdin);用来清空输入缓冲区。在没有该语句时，每输入一个数或字母再按回车，循环会执行两次。代码修改后，程序执行效果如图 4-19 所示。

程序中要求输入职务、职称的代码段也应当做类似的修改以免出现死循环的问题。

5. 讨论

本系统中的查找与修改模块，是由用户输入工号或者姓名，找到对应职工，显示数据或者修改数据。在程序中相应的算法是只要查到相符的变量，查找循环就中断，这样做可以找到相符的数据，如果有姓名相同的职工，只要找到其中一位，循环就会中止，所以有同名的职工时，只能找到其中的一位。请读者考虑在算法上如何改进，使得若存在同名现象时，能找

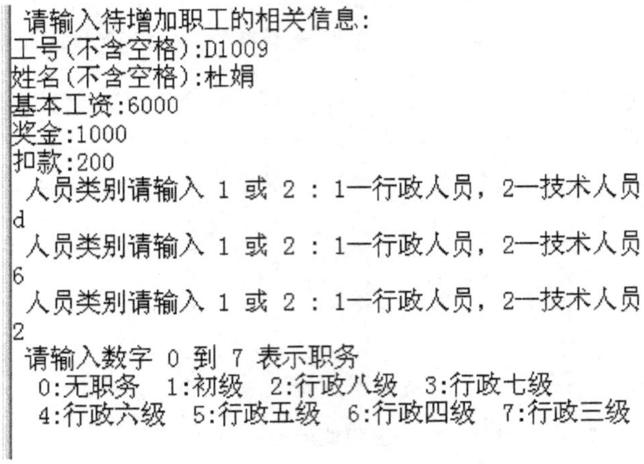

```
 请输入待增加职工的相关信息:
工号(不含空格):D1009
姓名(不含空格):杜娟
基本工资:6000
奖金:1000
扣款:200
 人员类别请输入 1 或 2 : 1—行政人员, 2—技术人员
d
 人员类别请输入 1 或 2 : 1—行政人员, 2—技术人员
6
 人员类别请输入 1 或 2 : 1—行政人员, 2—技术人员
2
 请输入数字 0 到 7 表示职务
  0:无职务  1:初级  2:行政八级  3:行政七级
  4:行政六级  5:行政五级  6:行政四级  7:行政三级
```

图 4-19　追加数据模块运行截图-3

到同名职工的数据。

以下列出查找模块的一种做法。

```
/****************查找模块 2--可以查找同名,不超过 10 人****************/
void Find2()
{
    char str[20];
    int i,k,fd=0;
    int fk[10];
    fflush(stdin);
    for(i=0;i<10;i++) fk[i]=-1;//保存查到的数据的下标
    printf("\n\n\n 请输入你要查找职工的工号或者姓名 \n");
    scanf("%s",str);
    for(i=0;i<nn;i++)
    if((strcmp(p[i].code,str)==0)||(strcmp(p[i].name,str)==0)){ fk[fd]=i;fd++;}
    if(fd)
        {printf(" \n\n 你要查的数据如下:\n");
        printf("\n\n 工号 姓名\t 基本工资 奖金 职务 职称 应发 实发 扣款 税金\n");
        for(i=0;i<10&&(k=fk[i])>=0;i++)
        {
            printf("\n%-8s%-10s%6.0f%6.0f%6.0f ",p[k].code,p[k].name,p[k].
            jiben,p[k].jiang,p[k].mzwu);
            printf("%6.0f%6.0f%6.0f%6.0f%6.0f\n",p[k].mzcheng,p[k].yingfa,p
            [k].shifa,p[k].kou,p[k].shui);
        }
        }
    else printf("没找到你要查的数据……\n");
}
```

第5章 课程设计报告举例

学生通过课程设计，应该对程序开发的各阶段及其任务有所了解和体会；通过学习和实践，初步学习和掌握程序开发过程的规范方法。学生是否真正掌握程序开发过程的规范，完成任务是否合理、正确、完备，要通过课程设计报告表达出来。课程设计报告中既要适当地叙述所用到的有关原理、知识、技术，又要体现作者对所学知识进行运用时所做的独立思考和设计创新，还要展示最终的工作成果。

按照系统开发的顺序，课程设计报告主要有以下内容：

1. 课程设计的题目及补充说明

课程设计题目是对所编写程序的要求，它是从用户的角度来提的要求。由于课程设计只是对程序开发过程的简化模拟，没有真实的用户可以与之交流，如果题目叙述过于简单，所提要求不明确，就需要自己将其补充完整；如果题目叙述含糊不清，需要用确定无二义性的文字进行重新说明。所有这些补充一定要符合逻辑，符合常理，符合实际。

2. 需求分析

需求分析是由程序编制人员在深入理解用户要求、了解用户工作过程的基础上，描述所开发的应用系统（程序）的功能、效果和性能、特点，描述程序（计算机）将如何模拟完成用户的各项任务。它是程序设计人员与用户沟通后，编程者用确定、清晰的语言说明最终提交给用户的应用系统的性能：题目要求解决的问题是什么；要求程序完成的功能是哪些；怎样可以算作解决了问题，等等。通过明确任务，划定责任界限，为后面程序测试与验收提供依据。

3. 总体设计

总体设计以需求分析说明书为依据，说明在系统开发时的总体设计思想。

总体设计部分要包含以下内容：

（1）系统的功能模块划分（图）。如有必要，再用文字进行扼要说明。

（2）用户自定义的数据类型的定义。

（3）全局变量的定义及其说明。

（4）数据文件存储数据的结构以及数据内容说明。

（5）实现各模块功能的主要函数的声明与说明。

（6）其他需要说明的事项。

4. 模块设计、代码设计与说明

模块设计是对各功能模块分别进行算法设计。课程设计报告中可以选择系统中重要的或者具有代表性和典型性的模块进行详细分析，其他模块则简明扼要地说明。

模块设计部分的内容是：①简述算法；②列出算法流程图；③说明该模块使用全局变量的情况；④说明不同模块之间、不同函数之间的数据传递关系。

代码设计则是将算法实现为源程序。程序代码作为课程设计报告的附录出现，不应当成为课程设计报告的主角。如果代码较为复杂或者作者觉得确有必要（比如算法上有创新或者有特别处理），可以列出值得分析的代码片断单独进行分析说明。

5. 程序测试与运行结果展示

从程序的完整代码到能实现设计要求的系统，中间必须经过程序的调试和测试。程序代码测试有一整套系统的理论和方法，有兴趣的同学可以看相关参考书了解更多内容。测试程序的目的不是证实自己程序的正确性，而是“找出程序中的错误”。在调试程序时，可以有意输入一些边缘性的、不合理或者错误数据，测试程序是否能合理处理。

在设计报告中可以列出运行过程的部分截图及其解释，展示设计成果；说明测试程序查找错误的思路做法，包括针对待测试模块准备测试数据的目的和测试数据、实际的输出结果、得出的结论，对程序做了什么修改，运行效果有何改善等内容。

6. 小结

小结部分可以分类总结遇到的问题及解决的方法，可以对程序设计过程中的某些问题的解决方案提出改进设想，当然也可以有感想之类的内容。

7. 后记

后记是对课程设计做的补充说明。后记部分可以有感而发，可以将内容并入小结中，也可以省去。

8. 附录

附录部分可以有源程序代码、局部的改进代码、运行程序时需要的数据文件内容、数据的其他说明等内容。

5.1 例题一：十佳运动员有奖评选系统

有关单位举办十佳运动员有奖投票评选活动。活动规则是，在一定范围内发放 10 000 张选票，投票人从 20 个候选人中选出自己认可的 10 人作为十佳运动员，举办单位统计有效选票，得票数最多的前 10 名运动员当选为十佳运动员；而投票准确性最高的前 10 位投票人，将获得活动举办方颁发的奖品。请编写应用程序，统计此次有奖投票活动的选票，评选出十佳运动员与获奖投票人，并提供查询选票信息的功能。

5.1.1 需求分析

在这里将题目要求开发的系统称为“十佳运动员有奖评选系统”。该系统的功能是：完成对 10 000 张选票数据的识别、读取和统计计算；评选出十佳运动员和 10 名获奖投票人并提供查询菜单供用户选择。

选票上的信息项内容共有四项：

(1) 选票编号：由 7 位字母和数字组成，不需要投票人填写。

(2) 投票人姓名。

(3) 投票人手机号码：该项是必填的，是识别投票人的唯一依据。

(4) 选中的运动员编号：有 10 个，必须填满，否则选票无效。

原始选票中的各项内容按以上列出的顺序保存在文本文件中，假定其文件名为 vote. txt。运动员候选人的编号-姓名对照表以文本文件形式存储，文件名是 sporter. txt。

系统在读取选票数据时，要将无效的选票过滤掉（不保存到内存变量中）。手机号码是识别投票人的唯一依据，如果手机号码错误，则即使投票人获奖也无法联系投票人，这样的选票应当作为无效选票。虽然空号和错号需要拨打号码时才可发现，但是目前手机号码统一是 11 位数字，程序中至少可以将长度不足 11 位或者手机号码中混有非数字符号的无效号码识别出来；投选号码不足 10 个的选票也是容易识别的。所以，本系统能够识别的无效选票包括：投选号码不足 10 个的选票，手机号码长度不足 11 位的选票，手机号码中混有非数字符号的选票。

十佳运动员的评比规则：统计所有有效选票，得票数最多的前 10 名候选人当选为十佳运动员。

获奖投票人的评比规则：根据每一张选票的投票积分对选票排定名次，选出积分最高的前 10 张选票，对应 10 个获奖的投票人。投票积分的计算规则是：投票积分＝次序分＋入围分。

次序分：选票中的第一个运动员与十佳中的第一名相符（简称选中第一名）得 9 分，选中第二名得 8 分……选中第十名得 0 分。

入围分：选中十佳中的一个即得 10 分，选中 n 个得 n×10 分（不考虑次序）。

在完成了数据的读取和处理的基础上，系统提供查询菜单，菜单上可选择的操作有：

（1）查看选票情况（浏览所有选票，按号码查看选票内容）。

（2）查询投票人获奖信息（浏览获奖投票人的资料）。

（3）查询运动员评选结果（查看所有运动员得票数，查看前 10 名运动员得票数，查看评选结果）。

（4）退出评选系统。

系统要将评选结果分别保存到文本文件。

本系统在显示菜单项和输出提示信息的内容时，将按照用户的习惯使用汉字。这也是软件“用户友好”特性的体现。

5.1.2 总体设计

根据前面的需求分析，对系统进行图 5-1 所示的功能模块划分。

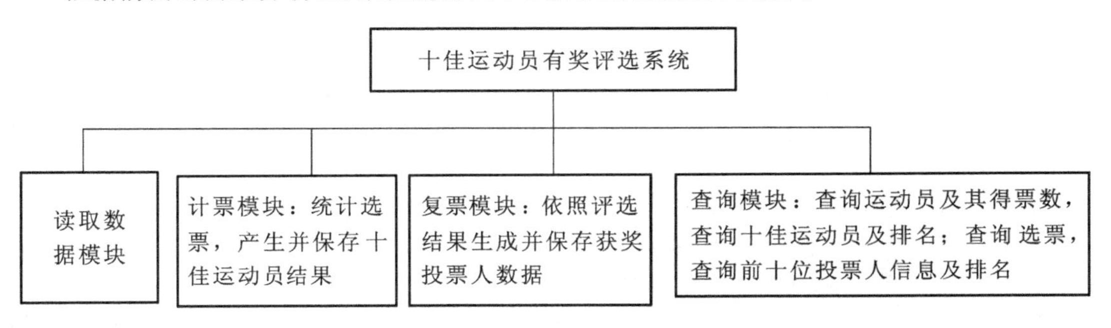

图 5-1 系统功能模块划分图

1）数据结构的设计

十佳运动员有奖评选系统根据投票结果，对运动员进行排名。“运动员”是该系统的一个数据处理对象。识别一个运动员，需要“编号”和“姓名”；排定名次，需要该运动员的“得票数”。所以，定义一个运动员结构体类型如下：

```
struct sporter
{
    int num;/*运动员候选人的编号*/
    char name[20];
    int vote_num;/*运动员候选人的得票数*/
};
```

程序中定义运动员结构体数组来存储所有运动员候选人的信息。

十佳运动员有奖评选系统评选的另一个内容是获奖投票人，而选票就对应着投票人，所以“选票”是另一个重要的数据处理对象。选票票面上原本有四项内容（选票编号、投票人手机号码、投票人姓名、选中的运动员编号），在复票操作时，根据十佳运动员排名，先计算每位投票人的入围分、次序分和投票积分，再根据投票积分对投票人评奖。复票时生成的每张选票的分数数据，是评奖投票人时需要的，也应该成为选票结构体的成员。所以，选票结构体类型的结构定义为：

```
struct vote
{
    char id[10];//选票编号
    char mbnb[MPH+1];/*数组长度至少比手机号码长度多 1 位*/
    char name[20];
    int a[10];  /*投票人选中的号码*/
    int score_order;/*选票次序分 */
    int score_hit;/*选票入围分*/
    int score_sum;  /*投票积分*/
};
```

程序中，从原始的选票数据文件读取的信息，存储到选票结构体数组。

2）数据文件

本系统中作为数据来源的文件有：sporter. txt ——运动员候选人的编号-姓名对照数据；vote. txt ——原始选票数据。

本系统数据处理结果文件有：运动员选举排序后的结果——spt_vt. txt 文件；复票后的选票数据——vote_new. txt 文件；获奖投票人排序后的数据——vote_prize. txt 文件。

3）宏和全局变量定义

在题目中，运动员候选人是 20 人，选票总数为 10 000 张，都是能够确定的常量。在程序中使用宏对它们进行定义，使应用系统更具有通用性。如果需要，可以方便地将其改为别的值而不用更改程序其他部分。

将手机号码长度也定义为宏 MPH，它在定义选票的手机号码这一字符数组时用到（存手机号码的数组长为 MPH+1），在测试选票数据有效性时也要用到（有效选票的手机号码串长为 MPH）。

本系统是由多个模块组成的，其中，实际候选运动员人数（int nn;），实际读入的有效选票数（int mm;），选票结构体数组（vot[]），运动员结构体数组（spt[]），这些数据在不同模块中都要使用到，故将它们定义成全局变量。

在读取数据模块，变量 nn（实际候选运动员人数）和变量 mm（实际读入的有效选票数）的值确定。在计票、复票、查询模块，它们起到控制数组元素下标的作用。

运动员结构体数组、选票结构体数组的元素在读取数据模块取得部分成员的值；还有一部分成员的值分别在计票模块和复票模块经过数据计算和处理得到；在查询模块，要分别访问这两个数组的元素值，输出查询结果。

系统中使用的宏、全局变量的定义及其说明如下：

```
#define  N  20          /*候选运动员数*/
#define  M    10000          /*选票数不超过此数值*/
#define  MPH  11    /*手机号码长度是 11 位*/
int  nn;    /*实际候选运动员数*/
int  mm;       /*实际有效的选票数*/
struct sporter
{
  int num;   /*运动员候选人的编号*/
  char name[20];
  int vote_num;/*运动员候选人的得票数*/
}spt[N];
```

```
struct vote
{
    char id[10];//选票编号
    char mbnb[MPH+1];/*数组长度比手机号码长度多 1 位*/
    char name[20];
    int a[10];  /*投票人选中的号码*/
    int score_order;/*选票次序分 */
    int score_hit;/*选票入围分*/
    int score_sum;  /*投票积分*/
}vot[M];
struct vote vmax[10];/*获奖投票人 --选票*/
```

4）系统的主要函数

根据系统功能模块的划分，系统各模块的主要函数的声明如下。

```
void readfiles();   /*读取数据模块*/
int load_sporter();   /*读取运动员编号文件*/
int load_vote();   /*读取选票文件*/
void calctensp();   /*计票模块*/
void stat_vote();   /*唱票*/
void order_by_vote();   /*依据得票数对运动员记录排序*/
void save_spt();   /*保存运动员得票结果到文件*/
void stattenvoter();   /*复票模块*/
void calc_hit();   /*统计选票积分 */
void sort_vote();   /*依据投票积分 对选票记录排序*/
void save_vot ();   /*输出 10 个获奖参选者信息到文件*/
void menu();   /*查询功能菜单*/
```

5.1.3 模块设计

1）读取数据模块

本系统的数据包括运动员候选人数据和原始选票数据。读取数据模块要调用两个函数分别读取这两种数据。

```
void readfiles()
{
    nn=load_sporter();/*从文件读入候选运动员记录*/
    mm=load_vote();/*从文件读入选票记录*/
}
```

该函数调用的两个函数，功能相似，所使用的算法也基本相同。

函数 load_sporter()的功能是从候选运动员数据文件 sporter.txt 读取数据到运动员数组，将运动员的数据读完为止，函数 load_sporter()要返回实际运动员候选人数。图 5-2 为该函数的流程图。

函数 load_vote()读取选票数据文件内容到选票结构体数组元素，从文件中读数时，对所读到的数据进行一定的检测。选票数据中，如果投选号码不足 10 个，或者手机号码长度不足 11 位或者手机号码中混有非数字符号的，这样的数据不存入选票数组元素。图 5-3 是函数 load_vote()的流程图。

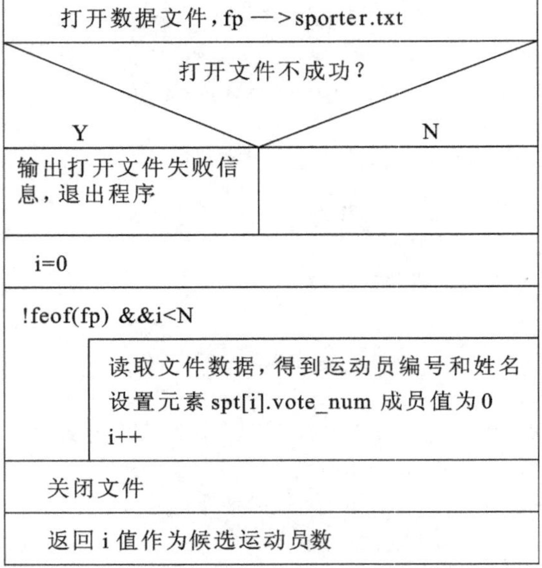

图 5-2　函数 load_sporter( )流程图

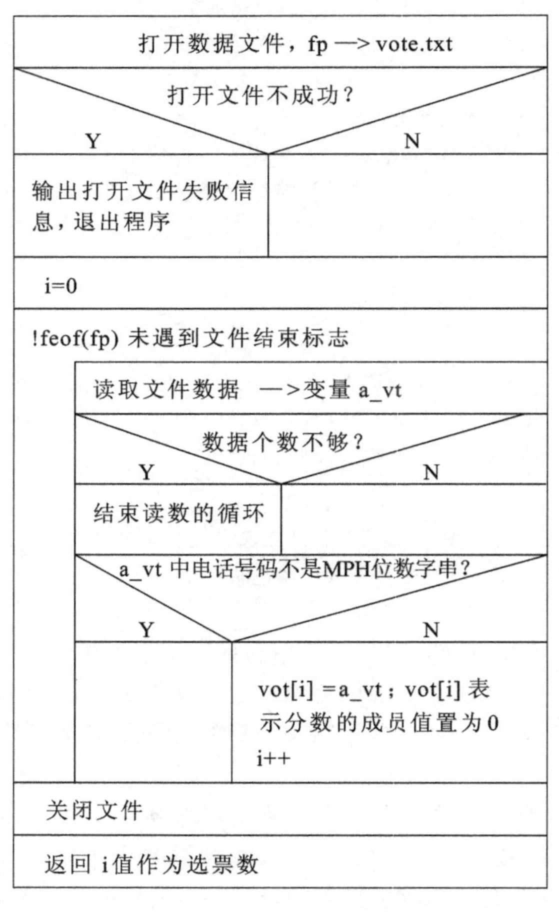

图 5-3　函数 load_vote( )流程图

函数 load_vote()中调用了一个测试函数 svdn()。该函数的功能是测试形参字符串，如果形参字符串全部由数字字符组成，则该函数返回 1，否则返回 0。

```
int svdn(char *st)  /*一个测试函数。形参字符串为数字字符串时,返回 1,否则返回 0*/
{
    while(*st)
        {if(*st<'0'||*st>'9') return 0;
        else st++;
        }
    return 1;
}
```

2）计票模块

计票模块的任务是根据选票的投选数据统计出每位候选人的得票数。该模块的流程图如图 5-4 所示。

根据选票统计候选人得票数
对候选人按照得票数排降序
将候选人数据按照降序保存到文件

图 5-4　计票模块流程图

根据选票统计出候选人得票数，由函数 stat_vote()完成。该函数的流程图如图 5-5 所示。

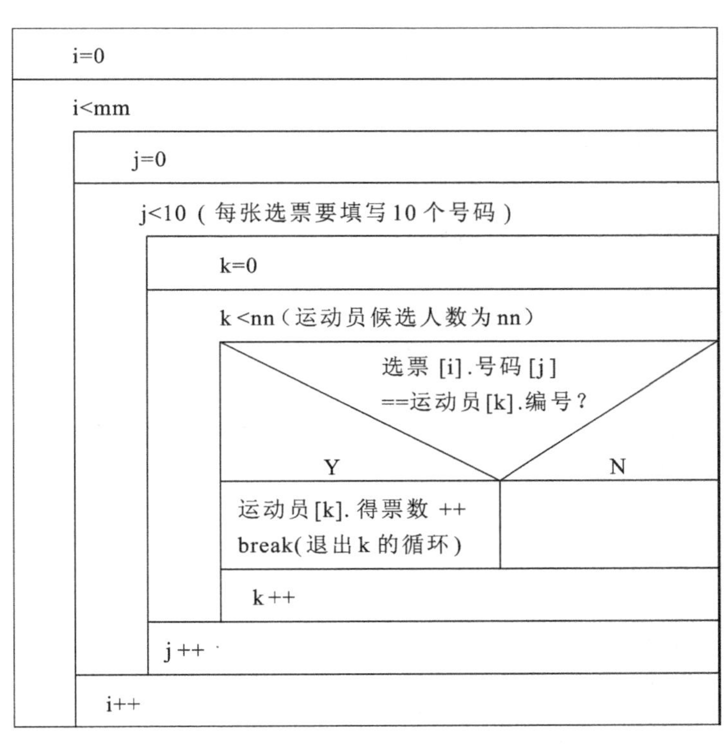

图 5-5　函数 stat_vote()流程图

对候选人的得票数排序的函数是 order_by_vote()，使用的是选择排序法；排序依据是运动员所得票数。

保存运动员得票结果的函数是 save_spt()，将运动员的编号、姓名和所得到的票数，按照降序保存到文本文件 spt_vt. txt。

3）复票模块

复票模块和计票模块的功能和任务相似。复票模块的流程图如图 5-6 所示。

计算每张选票的投票积分，将处理后的选票数据保存到文件
对选票按照投票积分排降序
将投票积分最高的前 10 张选票数据保存到文件

图 5-6 复票模块流程图

其中，函数 calc_hit()根据投票积分的计算规则，计算每张选票的投票积分。函数代码如下：

```
/*-----函数 calc_hit() 计算选票的投票积分-----*/
void calc_hit()
{
    FILE *fp;
    int i,j,k;
    struct sporter s[10];/*把十佳运动员信息读到临时变量 s 数组*/
    for(i=0;i<10;i++)s[i]=spt[i];
    for(i=0;i<mm;i++) /*对每张选票进行处理*/
    {
        for(j=0;j<10;j++) /*对每张选票的每一个选中号码进行处理*/
        {
            if(vot[i].a[j]==s[j].num) vot[i].score_order+=9-j;/*次序分*/
            for(k=0;k<10;k++)
            if(vot[i].a[j]==s[k].num) /*入围分*/
            {vot[i].score_hit+=10;break;}
        }
        vot[i].score_sum=vot[i].score_hit+vot[i].score_order;//投票积分
    }
    if((fp=fopen("vote_new.txt","w"))==NULL)
    {
        printf("\n 无法打开新的数据文件保存处理后的选票信息……\n");
        exit(0);
    }
for(i=0;i<mm;i++)
fprintf(fp,"%s%d%d%d\n",vot[i].id,vot[i].score_order,vot[i].score_hit,vot
[i].score_sum);
fclose(fp);
}
```

为了得出获奖的投票人，对选票数据的排序可以是对全部选票进行排序，也可以从全部选票中找出投票积分最高的前 10 位投票人。考虑到选票数据量大，而且只有前 10 名投票人的数据有意义，故不保留全部选票的排序，而是采用插入排序法，生成排序的前 10 名（排行榜前 10）。流程图如图 5-7 所示。

将选票数据保存到文件是将 10 个获奖的投票人的信息保存到文本文件 vote_prize. txt。

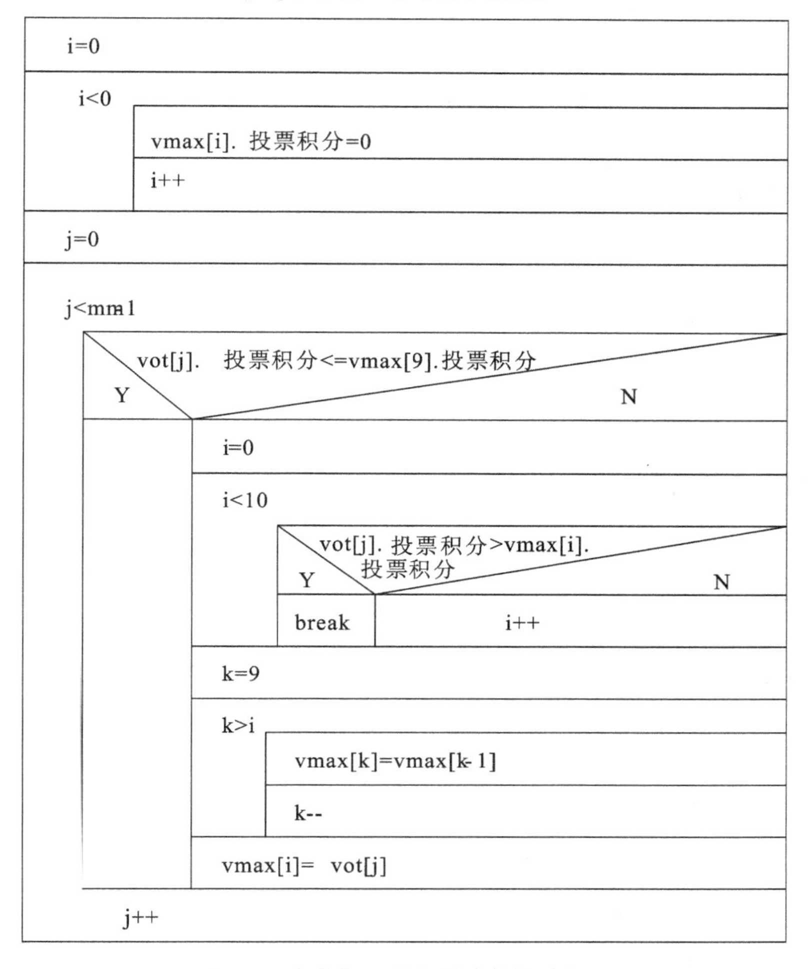

图 5-7　生成前 10 位投票人数据流程图

4）查询模块

系统运行时显示查询主菜单，采用递归调用的菜单函数，只要用户不选择退出，完成一项查询要求后，菜单会再次出现。其函数代码如下：

```
void menu()     /**************十佳运动员有奖评选系统主菜单**************/
{
    int x,w;
    /*变量 x 保存选择菜单数字,w 判断输入的数字是否在功能菜单对应数字范围内*/
    system("cls");
    do
    {
        puts("\n\n\t\t************  运动员评选系统主菜单  ************\n\n");
        puts("\t\t\t\t 1.查看选票情况");
        puts("\t\t\t\t 2.查询投票人获奖信息");
        puts("\t\t\t\t 3.查询运动员评选结果信息");
        puts("\t\t\t\t 4.退出评选系统");
        puts("\n\n\t\t ********************************************\n");
```

```
        printf("请输入你选择的数字(1-4):[ ]\b\b");
        scanf("%d",&x);
        if(x<1||x>4)                                        /*对选择的数字做判断*/
        {w=1;getch();}
        else  w=0;
    }
    while(w);
    switch(x)
    {
        case 1:check_vote();break;        /*核对查找选票模块*/
        case 2:print_vot10();break;
        case 3:q_spt();     break;
        case 4:return;              /*退出*/
    }
    printf("\n 请按任意键继续查询…\n");
    getch();
    system("cls");
    menu();
}
```

执行查询模块时数据已经进行了处理——数组 spt[N]是有序的；数组 vmax[10]的元素已经有值，是前 10 的投票人的数据；选票结构体数组 vot[M]各个成员值也都计算得到了。查询功能有三个：查询选票，在选票结构体数组 vot[M]中进行比较查询；查询获奖投票人数据，访问数组 vmax[10]；查询运动员评选结果，只要输出数组 spt[N]中的数据。

5.1.4 程序代码的测试与运行效果

1）无效数据的识别过滤

本系统的输入数据选票数据文件 vote.txt 中混有 3 种无效数据，一是选中号码不足 10 个，二是电话号码中有数字以外的符号，三是电话号码不足 11 位。运行效果如图 5-8 和图 5-9 所示。

```
vote.txt - 记事本
文件(F)  编辑(E)  格式(O)  查看(V)  帮助(H)
E700104 15720500106     金雪    9   20  14  8   16  10  12  1   3
E700105 18760051276     白辰阳  15  2   3   11  4   6   7   8   9
E700106 18760051279     成强    9   3   5   7   6   8   4   12  15
E700107 1876P751282     田园    6   9   12  3   1   17  16  8   13
E700108 18760051288     田玉堂  2   11  14  13  15  17  20  4   6
E700109 18760051291     佟鑫    1   14  17  20  5   9   7   3   2
K600801 15720500127     张更    1   3   8   7   5   6   9   10  12
K600802 15720500130     骆剑勇  8   9   12  20  3   2   4   6   7
K600803 15720500133     孟德磊  3   2   18  11  14  16  5   9   7
K600804 15720500136     梁桑    3   6   7   11  14  2   4   1   5
K600805 18760051285     李振扬  3   6   7   11  14  2   4   1   5
K600806 13030813188     钟思    9   20  14  8   16  10  12  1   3
K600807 13035813220  ①  李子羲  15  2   3   11  4   6   7   8
K600808 13040813252     贾飞    9   20  14  8   16  10  12  1   3
K600809 157205(P109  ②  罗晖    15  2   3   11  4   6   7   8   9
K600810 15720500112     包大林  9   3   5   7   6   8   4   12  15
F560020 15720500115     费志斌  6   9   12  3   1   17  16  8   13
F560040 1572050018   ③  张格格  2   11  14  13  15  17  20  4   6
F560060 15720513121     王帅君  1   14  17  20  5   9   7   3   2
F560080 15720500124     林阿兵  15  2   3   11  4   6   7   8   9
```

图 5-8　选票数据文件部分内容

选票号	投票人手机号	姓名	投选号码								
K600802	15720500130	骆剑勇	8	9	12	20	3	2	4	6	7
K600803	15720500133	孟德磊	3	2	18	11	14	16	5	9	7
K600804	15720500136	梁桑	3	6	7	11	14	2	4	1	5
K600805	18760051285	李振扬	3	6	7	11	14	2	4	1	5
K600806	13030813188	钟思	9	20	14	8	16	10	12	1	3
K600808	13040813252	贾飞	9	20	14	8	16	10	12	1	3
K600810	15720500112	包大林	9	3	5	7	6	8	4	12	15
F560020	15720500115	费志斌	6	9	12	3	1	17	16	8	13
F560060	15720513121	王帅君	1	14	17	20	5	9	7	3	2
F560080	15720500124	林阿兵	15	2	3	11	4	6	7	8	9

请按任意键浏览下一页 . . .

图 5-9　浏览选票数据显示的内容

运行程序选择了“浏览选票”，从显示结果来看，三种无效的数据都没有存入到选票结构体数组中。

2）在不同模块间切换

从运行结果来看，程序在不同模块间切换时可以顺利完成，如图 5-10 和图 5-11 所示。

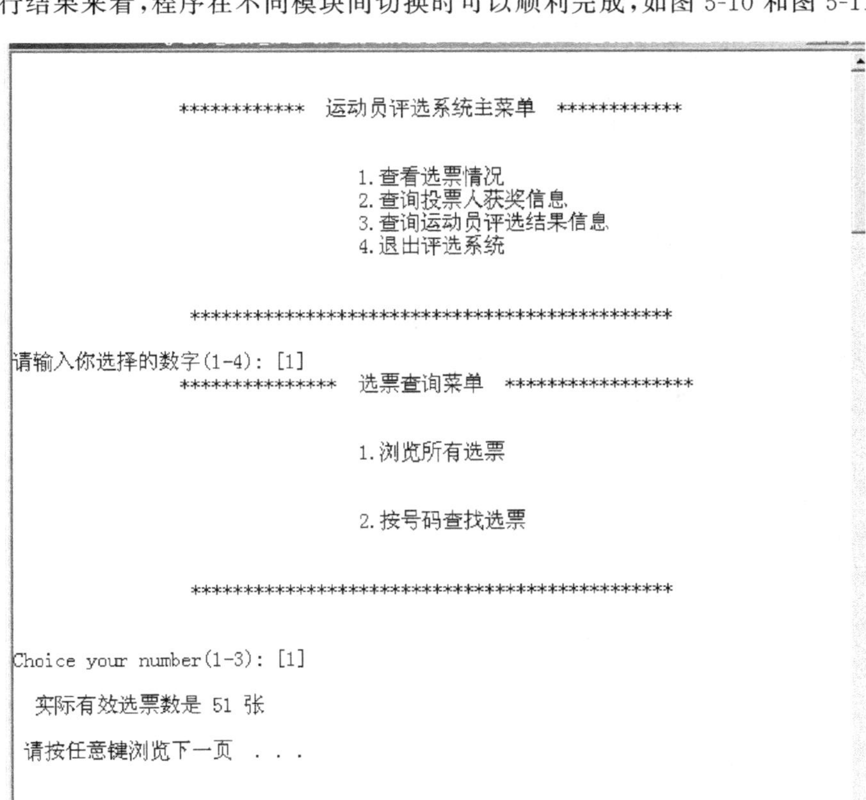

图 5-10　主菜单[1]——查看选票情况—— 浏览所有选票

```
************  运动员评选系统主菜单  ************

              1.查看选票情况
              2.查询投票人获奖信息
              3.查询运动员评选结果信息
              4.退出评选系统

**********************************************
请输入你选择的数字(1-4): [3]
**************  运动员信息查询菜单  ***************

              1.查看所有运动员得票情况

              2.查询前十运动员得票情况

              3.查询运动员评选结果信息

**********************************************

你的选择是(0-3): [2]

 运动员评选结果
名次  编号  姓名      得票数
   1:    9  陈一冰    46
   2:    3  叶诗文    44
   3:    6  赵芸蕾    39
   4:    8  冯喆      36
   5:   12  吴敏霞    33
```

图 5-11　主菜单[3]——查询运动员评选结果信息和[2]——查询前十运动员得票情况

5.1.5 讨论

根据实验用的选票数据，得到图 5-12 所示的获奖者信息。从图中可以看出，很多投票人的投票积分分值相同。虽然这与实验用的数据有关，但是投票积分分值相同的情况是很有可能出现的。如果分值相同的选票出现在后几位（例如从第 10 位起连续 4 个投票人分值相同，只能有一人获奖），则影响评奖的公平性。如果题目要求考虑积分相同情况并有对应的评奖规则，十佳运动员有奖评选系统则必须按要求处理。

```
投票人获奖者的信息:
 名次      手机号        投票积分
   1:    13050813316      98
   2:    13065813412      98
   3:    15720500127      98
   4:    13540813365      87
   5:    18010051259      87
   6:    18760051279      87
   7:    15720500112      87
   8:    13010812456      85
   9:    18010051241      85
  10:    13025813056      85

请按任意键继续查询  . . .
```

图 5-12　投票人获奖者数据

5.1.6 附录

附录中编写程序代码。

5.2 例题二：工资信息管理系统

本节叙述的内容，可能与实际生活有相似之处，请不要将题中的工资政策当作真实的工资政策，或者将题中的单位与某个真实单位画等号，这只是将实际工资方案进行抽象简化后形成的一个题目。

5.2.1 课题题目

请开发一个“工资信息管理系统”，替代原来的手工操作，实现某单位工资的计算机管理与查询。该单位的财务管理部门每个月发放职工工资时，根据本单位人事管理部门转来的职工人事信息表，按照工资政策，生成职工当月的工资数据。要求所开发的工资信息管理系统能够取代手工计算，生成职工当月的工资数据并永久保存，提供工资数据的浏览、查询、统计与计算以及临时修改部分工资项的功能。

5.2.2 需求分析

工资信息管理系统要完成的任务可以分为三部分。

1. 生成工资数据

(1) 生成工资数据的依据是来自人事管理部门的“职工信息表”，该表有以下 8 个栏目：工号，姓名，基本工资，奖金，扣款，人员类别，职务，职称。其中，工号是人事管理部门分配给每位职工的唯一永久编号，不重号，可以由工号找到职工；基本工资、奖金和扣款是具体金额数；人员类别是指该职工是行政人员还是技术人员，本单位涉及的职务和职称的所有名称在表 5-1 和表 5-2 中可查。

(2) 职工个人工资信息包含的项目及其计算方法如下。

财务管理部门生成的职工工资表有以下数据项：工号、姓名、基本工资、奖金、扣款、职务工资、职称工资、应发工资、实发工资和税金。共 10 项，前 5 项与“职工信息表”相同，从人事管理部门获得，后 5 项的计算规则如下：

① 职务工资、职称工资，按照工资政策发放。工资政策为：

无技术职称的行政人员，其职务工资按表 5-1 发放；无行政职务的技术人员，其职称工资按表 5-2 发放；同时具备行政职务和技术职称的人员，按以下规则计算：属于行政人员并且具有技术职称的，职务工资按照表 5-1 发放，其职称工资则按照本人职称对应等级的职称工资乘以 30%计算；属于技术人员又同时担任了行政职务的，职称工资按照表 5-2 发放，其职务工资则按本人所任职务对应职务工资乘以 30%领取。例如，某行政人员，行政职务是“行政五级”，具备“副高级高等” 职称，其职务工资为 450 元，职称工资实际为 210(700×0.3=210)元。某技术人员职称是“副高级高等”，行政职务是“行政六级”，则其职称工资为 700 元，职务工资实际为 90(300×0.3=90)元。

② 应发工资＝基本工资＋奖金＋职务工资＋职称工资

③ 实发工资＝应发工资－税金－扣款

④ 税金计算方法：

应发工资≤2000 元时，税金＝0

2000＜应发工资≤8000元时，税金＝（应发工资－2000）×5%

应发工资＞8000元时，税金＝300＋（应发工资－8000）×10%

表 5-1 职务-工资表

职务	行政三级	行政四级	行政五级	行政六级	行政七级	行政八级	初级	无职务
职务工资	1100	700	450	300	200	150	100	0

表 5-2 职称-工资表

职称	高级			副高级			中级			初级			
	高等	中等	初等	高等	中等	初等	高等	中等	初等	高等	中等	初等	无职称
工资	3000	2000	1200	700	550	400	290	220	150	90	70	50	0

2. 可选功能

用菜单方式提供以下可选功能。

（1）浏览功能：能分屏显示工资数据，即所有职工工资信息逐屏显示，由用户控制换页。

（2）查询功能：能够按照职工的工号、姓名查询职工当月的各项工资数据。

（3）计算功能：提供单位所有职工个人所得税总金额与奖金总额的计算结果。

（4）统计功能：提供基本工资在指定范围（最低值与最高值）内的职工人数和所占比例的统计结果。

（5）修改功能：根据用户提供的工号或者姓名，可以修改该职工当月工资项目中的前三项数值；所做的修改会写到当月的工资数据文件，但是不影响职工信息表的内容。

（6）添加数据功能：系统提供从键盘添加人事工资数据的功能以满足特殊情况下的需要。本功能说明：所有在职人员的人事信息数据文件——职工信息表是人事管理部门转来的现成的文件，但是有时碰巧会发生新调入员工的数据尚未加到该表中的情况，这时可以在工资信息管理系统中直接将人事管理部门提供的新数据添加到工资信息管理系统，并加到职工信息表中。

3. 文件存储

系统每次运行的结果（职工每月的工资数据）要用文件 GZ. txt 永久保存。

说明：工资项目生成的细则本来应该是由用户提供的，此处是参考了一些通用做法由作者拟定的。在进行课程设计时，只有题目，没有真实用户可以咨询，但是在程序设计时，有些处理方法必须具体化，所以应该允许学生根据自己的生活经验和有关知识，进行一些假设并用文字明确地表达出来。虽然不能保证这些假设一定会符合真实情况，但至少要符合逻辑，符合常理。

从编程的角度，许多操作可以轻而易举地实现，例如更改职工的姓名、工号等。但是，在实际的应用中，不是所有操作都有必要实现。很多时候，如果将技术上能完成的操作都一一去实现，或者将所有功能都提供给用户选择执行，不仅不会带来便利，反而会制造混乱，带来麻烦，例如允许随意地修改工号等。所以，在设计系统的功能时，一方面，要尽可能实现用户提出的所有要求；另一方面，不能在未与用户做深入交流讨论的情况下，自作主张地给用户提供他们没有预期的“便利”。对于某些敏感数据的修改，要多给用户一次确认修改的机会，有时要设定保护措施，设置修改权限，例如要求输入密码等。

5.2.3 总体设计

1. 系统模块划分

根据需求分析，对工资信息管理系统做图5-13所示的系统功能模块划分。系统的概略流程图如图5-14所示。其中，读取人事数据、生成工资数据在用户菜单出现之前完成，保存数据在用户结束菜单选择之后、程序运行结束前执行，这两者是程序必须完成的任务，不列入菜单选项。

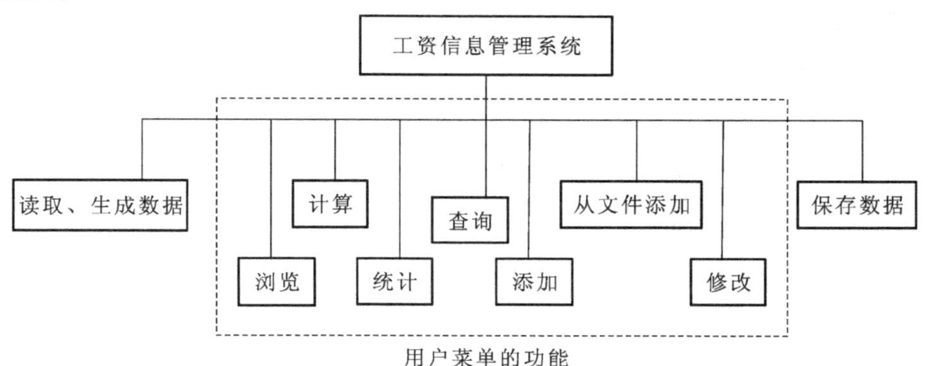

图5-13 系统功能模块划分图

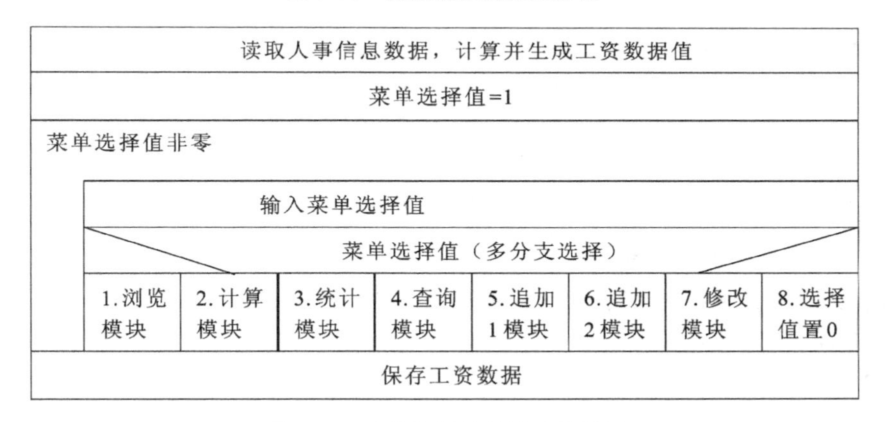

图5-14 系统运行过程概略流程图

2. 用户自定义数据类型的设计

定义一个工资信息结构体类型用于存储职工的工资数据，该结构体类型定义如下：

```
#define LID  10  /*职工工号长度 LID-1  Length of  ID*/
#define NAM  20  /*职工姓名长度<NAM  name */
#define MNCH  20  /*人员类别、职称名称、职务名称长度<MNCH 名称 MING CHENG  */
typedef struct employee
{
    char code[LID];/*工号*/
    char name[NAM];/*姓名*/
    float jiben;/*基本工资*/
    float jiang;/*奖金*/
    float kou;/*扣款*/
    char leibie[MNCH];/*人员类别*/
    float mzwu;/*职务工资*/
    float mzcheng;/*职称工资*/
```

```
        float yingfa;/*应发工资*/
        float shifa;/*实发工资*/
        float shui;/*税款*/
    }EMP;
```

为了方便计算职务工资和职称工资，在数据类型 EMP 中，增加了一个成员 char leibie[MNCH];用于表示人员类别。

3. 宏和全局变量定义

为了简化程序操作，使用 EMP 类型的全局变量数组存储职工的工资数据。本系统中的宏和全局变量的定义如下：

```
    #define NN   50   /*职工人数<NN   */
    #define LID  10   /*职工工号长度<LID   */
    #define NAM  20   /*职工姓名长度<NAM   */
    #define MNCH  20   /*职称、职务、人员类别名称长度<MNCH   */
    #define ZW  8/*行政职务种类数量为 ZW */
    #define ZC  13/*技术职称种类数量为 ZC */
    EMP p[NN];  /*全局数组,一个元素对应一个职工 */
    int nn=0;  /*全局变量 nn 存储职工实际人数*/
    char zhiwu[ZW][ MNCH]={"无职务","行政九级","行政八级","行政七级","行政六级","行政五级","行政四级","行政三级"};
    int m_wu[ZW]={0,100,150,200,300,450,700,1100};
    char zhicheng[ZC][ MNCH]={"无职称","初级初等","初级中等","初级高等","中级初等","中级中等","中级高等","副高级初等","副高级中等","副高级高等","高级初等","高级中等","高级高等"};
    int m_cheng[ZC]={0,50,70,90,150,220,290,400,550,700,1200,2000,3000};
```

为了简化职务工资和职称工资的计算过程，定义了 4 个全局变量数组并完成初始化。

以职务工资的处理方法为例说明。根据表 5-3 职务名称-编号-工资表，分别定义一个字符数组和一个整型数组，字符数组存储全部职务名称，整型数组存储所有的职务工资金额，这两个数组都按照表 5-3 完成初始化，数组元素的下标都对应表 5-3 中的职务编号。这样一来，如果已知某职工的职务编号(假设职务编号为 x，若 x=3)，就可以从这两个数组直接获取该职工的职务名称(zhiwu[3]:“行政七级”)和职务工资金额(m_wu[3]:200)。

表 5-3 职务名称-编号-工资表

职务名称	无职务	行政九级	行政八级	行政七级	行政六级	行政五级	行政四级	行政三级
职务编号	0	1	2	3	4	5	6	7
职务工资	0	100	150	200	300	450	700	1100

处理职称工资也使用类似方法，所用的表如表 5-4 所示。

表 5-4 职称名称-编号-工资表

职称	无职称	初级初等	初级中等	初级高等	中级初等	中级中等	中级高等
职称编号	0	1	2	3	4	5	6
职称工资	0	50	70	90	150	220	290

职称	副高级初等	副高级中等	副高级高等	高级初等	高级中等	高级高等
职称编号	7	8	9	10	11	12
职称工资	400	550	700	1200	2000	3000

4. 数据来源文件、数据结果文件及其结构

职工信息表是获取工资初始数据的来源。为了方便后续的数据处理，我们将原始职工信息表进行一定处理后保存为文本文件"ZGXX. txt"，作为程序的数据来源文件。处理方法是，职工信息表中职务和职称的名称替换为对应编号，名称与编号的对照表见表 5-3 和表 5-4。添加数据操作的来源文件也做相同处理(假设处理后的文件名是 ADDFILE. txt)。于是，数据来源文件 ZGXX. txt 或者 ADDFILE. txt 中对应每一位职工有 8 项数据，其含义依次为：工号，姓名，基本工资，奖金，扣款，人员类别，职务编号，职称编号。在文本文件中，每位职工的数据占一行，每两项数据之间用空格或制表符(Tab)分隔，不含有表头文字。文件内容类似如下形式：

```
A1005   冯喆     4000    300    20    技术    6    7
A1006   陈一冰   2000    500    50    技术    7    6
A1007   何可欣   3000    300    50    行政    0    8
```

以第一行数据为例，该行职务编号值为 6，表示职务是"行政四级"，职称编号值为 7，表示职称为"副高级初等"。

本系统的结果数据文件是 GZ. txt，保存了职工当月的工资数据，文件内容共 11 项，依次是：工号，姓名，基本工资，奖金，扣款，人员类别，职务工资，职称工资，应发工资，实发工资，税金。

5. 系统的主要函数

系统的主要函数有：

```
void Read_file();/*--读取数据模块 --*/
void menu();/*--菜单 --*/
void Append();/*--从键盘追加--*/
void File_add();/*--从文件追加--*/
void Find();/*--查找模块--*/
void Brow();/*--浏览模块--*/
void Chng();/*--修改模块--*/
void Calt();/*--计算模块--*/
void Stcs();/*--统计模块--*/
void Writ_file();/*--保存数据模块 --*/
```

6. 其他说明

从文件追加职工信息时，文件名需要用户输入，文件内容的格式和 ZGXX. txt 相同，在运行程序前先要确保该文件的存储格式符合要求。

从键盘追加职工信息，遇到输入人员类别、职务、职称内容时，系统将列出该项所有的可选名称及对应的编号，用户只需要输入对应编号而不必输入具体名称；在修改模块中，用户可以修改基本工资、奖金、扣款等三项数据，也可以键入回车符跳过当前项避免修改。

5.2.4 模块设计

根据系统运行过程概略流程图，程序的主函数代码如下。

```
main()
{
    Read_file();//读工资信息文件
    Menu();//为用户提供菜单选择服务
    Writ_file();//写文件
}
```

1. 读取数据模块

读取数据模块对应的函数为 Read_file()，流程图如图 5-15 所示。本模块的任务是将职工信息数据文件 ZGXX. txt 中的数据读入结构体数组 p[]，读完为止。还要按有关公式生成结构体数组 p[]的各项成员的数值。该模块是程序提供菜单服务的基础。

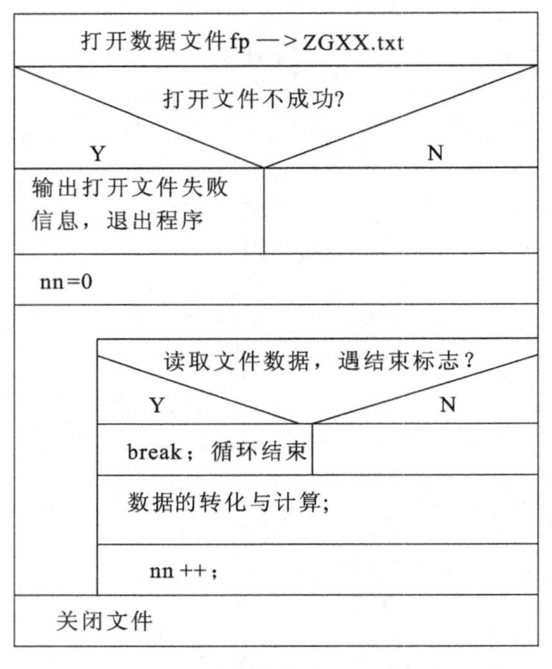

图 5-15　读取数据模块函数 Read_file()流程图

2. 保存数据模块

保存数据模块的功能由函数 Writ_file()完成。该模块将工资结构体数组的数据写到数据文件 GZ. txt 保存，由一个循环结构完成，算法简单，流程图从略。考虑到工资金额精确到 1 位小数就足够了，用%. 1f 格式输出。在输出一个结构体数组元素的 11 项内容时，分成 3 个语句来完成，避免语句过长而不易查错。

3. 菜单

菜单函数流程图如图 5-16 所示，是循环结构，如果用户选择菜单中的“结束”选项，则会使循环结束的条件成立而使菜单函数结束。

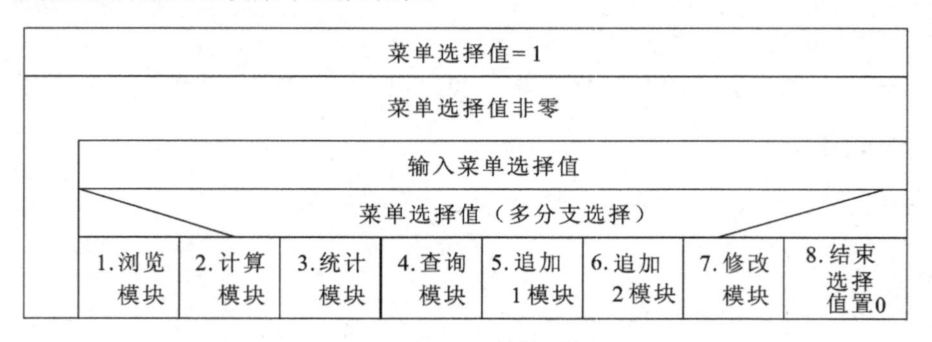

图 5-16　菜单函数流程图

5.2.5 代码设计与运行效果展示

1. 从文件追加数据模块

该模块对应的函数为 File_add()，函数的功能是读取追加数据文件(ADDFILE.txt)中的数据，生成对应的职工的工资数据，同时将这些职工信息内容添加到原始数据文件 ZGXX.txt 中去。该模块与读取数据模块中根据读入的数据生成职工的工资数据的方法是相同的。在此流程图从略。

2. 从键盘追加数据模块

从键盘追加数据模块的功能由函数 Append()实现，流程图如图 5-17 所示。

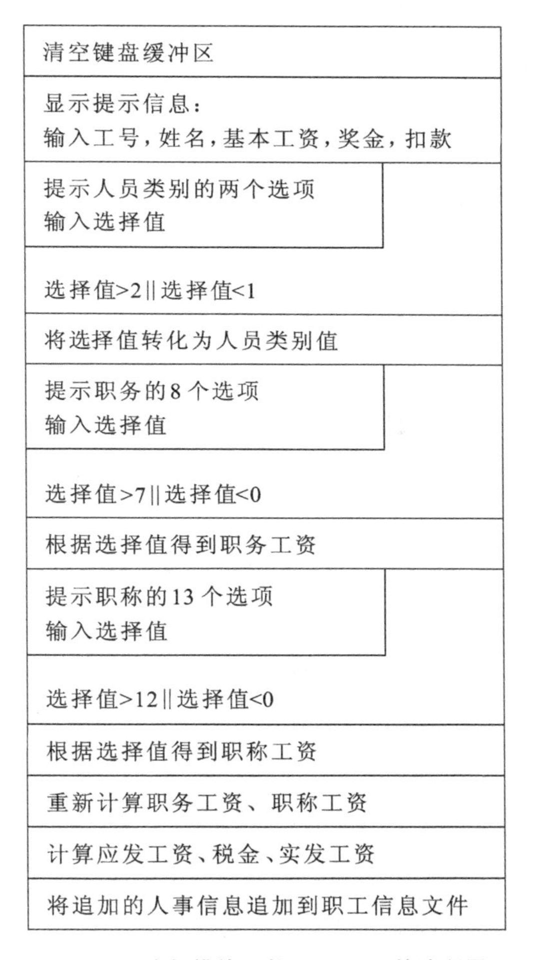

图 5-17　追加模块函数 Append()的流程图

追加数据模块加入了一些意外情况的处理设计和减少用户输入工作量的设计。

如果用户选择了该选项后，临时改变主意不想做追加操作，可以在程序要求输入第一项数据(工号)时直接输入回车中止本次操作而返回主菜单，效果如图 5-18 所示。追加数据时，输入的工号字母会转换成大写后再保存；在输入人员类别、职务名称和职称名称这几项数据时，程序会显示所有的人员类别、职务名称和职称名称供选择，用户只需要输入数字编号而不需要输入相应文字，既减少用户的输入数据工作量，又减少输入错误造成的查找出错的隐患。如果用户输入了错误的编号，程序会重新显示待输入部分的内容，让用户再次输入。追加模块运行效果如图 5-19～图 5-22 所示。

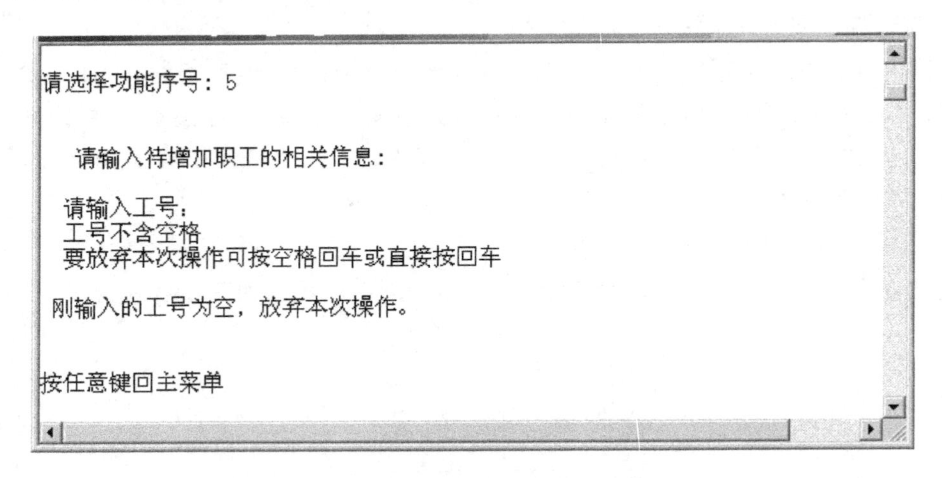

请选择功能序号：5
请输入待增加职工的相关信息:
请输入工号：
工号不含空格
要放弃本次操作可按空格回车或直接按回车
刚输入的工号为空，放弃本次操作。
按任意键回主菜单

图 5-18　追加模块效果图—放弃追加

请选择功能序号：5
请输入待增加职工的相关信息:
请输入工号：
工号不含空格
要放弃本次操作可按空格回车或直接按回车
a3006
姓名:赵乾坤
基本工资:3500
奖金:200
扣款:0
人员类别请输入 1 或 2 : 1—行政人员，2—技术人员

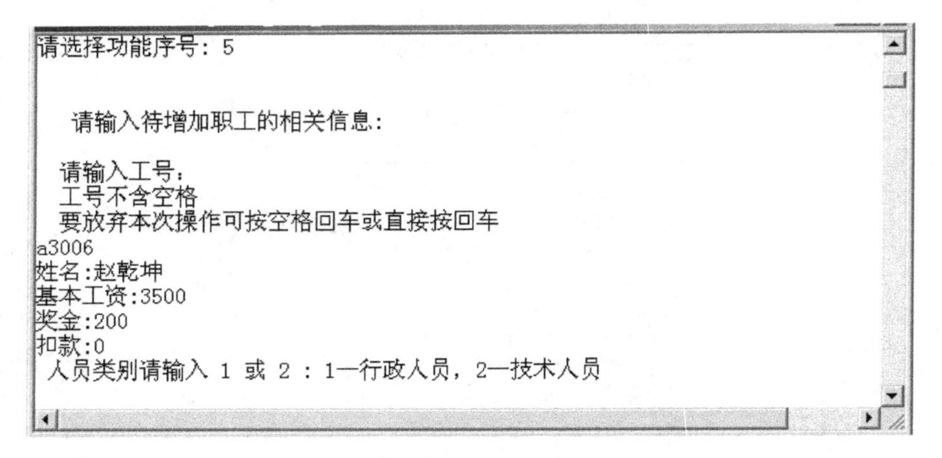

图 5-19　追加模块效果图—追加过程

请输入数字 0 到 12 表示职称
0:无职称 1:初级初等 2:初级中等 3:初级高等
4:中级初等 5:中级中等 6:中级高等 7:副高级初等
8:副高级中等 9:副高级高等 10:高级初等 11:高级中等 12:高级高等
f
请输入数字 0 到 12 表示职称
0:无职称 1:初级初等 2:初级中等 3:初级高等
4:中级初等 5:中级中等 6:中级高等 7:副高级初等
8:副高级中等 9:副高级高等 10:高级初等 11:高级中等 12:高级高等
5
职称是 中级中等

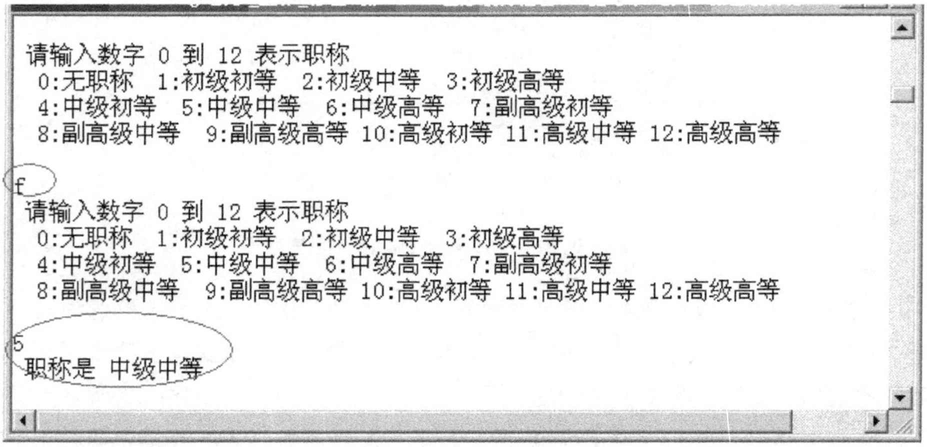

图 5-20　追加模块效果图—追加过程选择出错

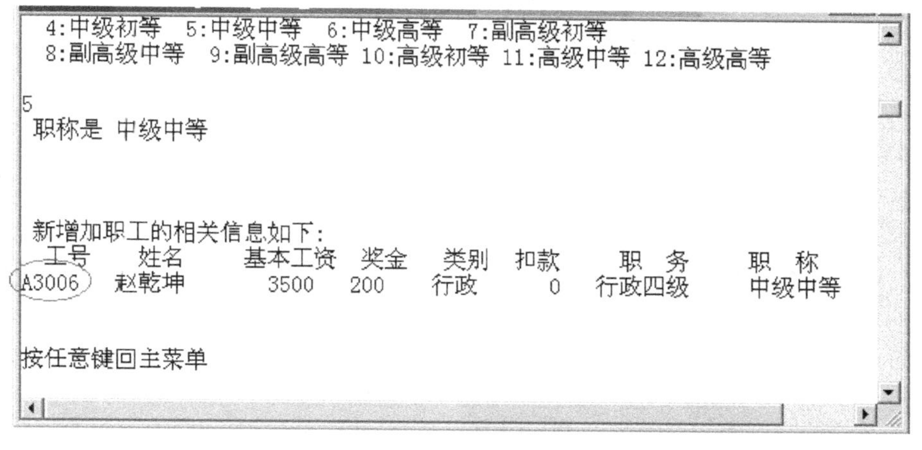
```
  4:中级初等   5:中级中等   6:中级高等   7:副高级初等
  8:副高级中等   9:副高级高等  10:高级初等  11:高级中等  12:高级高等

5
 职称是 中级中等


 新增加职工的相关信息如下:
    工号      姓名        基本工资    奖金     类别   扣款      职  务       职  称
 A3006     赵乾坤          3500     200     行政      0    行政四级       中级中等


按任意键回主菜单
```

图 5-21　追加模块效果图—追加的工号字母转为大写

```
C9002    佟鑫          2300    300    210    150   2960   2892    20    48
C9003    张更          4000    100    135     70   4305   4140    50   115
C9004    骆剑勇        3000    200    300    210   3710   3625     0    86
C9005    孟德磊        3400    100    150    165   3815   3704    20    91

按任意键继续浏览
工号  姓名        基本工资    奖金   职务   职称   应发    实发    扣款   税金
A3001    周章          3600    500    210   2000   6310   6005    90   216
A3003    kingke        3000     40     90    550   3680   3596     0    84
A3004    ggkk          3050    300    200     66   3616   3535     0    81
A3006    赵乾坤        3500    200    700     66   4466   4343     0   123


按任意键回主菜单
```

图 5-22　追加模块效果图—追加完成后再浏览的截图

3. 修改模块

修改模块的功能由函数 Chng()完成，流程图如图 5-23 所示。

函数 Chng() 根据用户提供的工号或者姓名，可以修改该职工当月工资的三项数值(基本工资、奖金、扣款)。因为这三项中任意一项有变化，都会影响应发工资、税金和实发工资的值，所以，用户完成修改操作之后，程序要重新计算应发工资、税金和实发工资的值，其数据可以浏览。

在设计修改的算法时，考虑到实际操作时可能会发生的某些特殊情况并做相应处理。比如，用户输入工号或姓名后发现不必修改数据，或者可以修改的三项数据中只需要修改一项或两项。在进入修改操作后输入新数值前，程序先提示原始值，如果需要修改则输入新值，不修改则直接按回车跳过该项。修改模块执行的效果如图 5-24～图 5-26 所示。

4. 查找模块

查找模块的功能由函数 Find()来实现。实际上，查找模块是完成查找后将找到的数组元素值显示输出到屏幕上，其功能比修改模块更简单，在此就不赘述了。

5. 浏览模块

浏览模块的功能由函数 Brow()实现。浏览是分屏显示职工的工资数据，这里省略流程图。

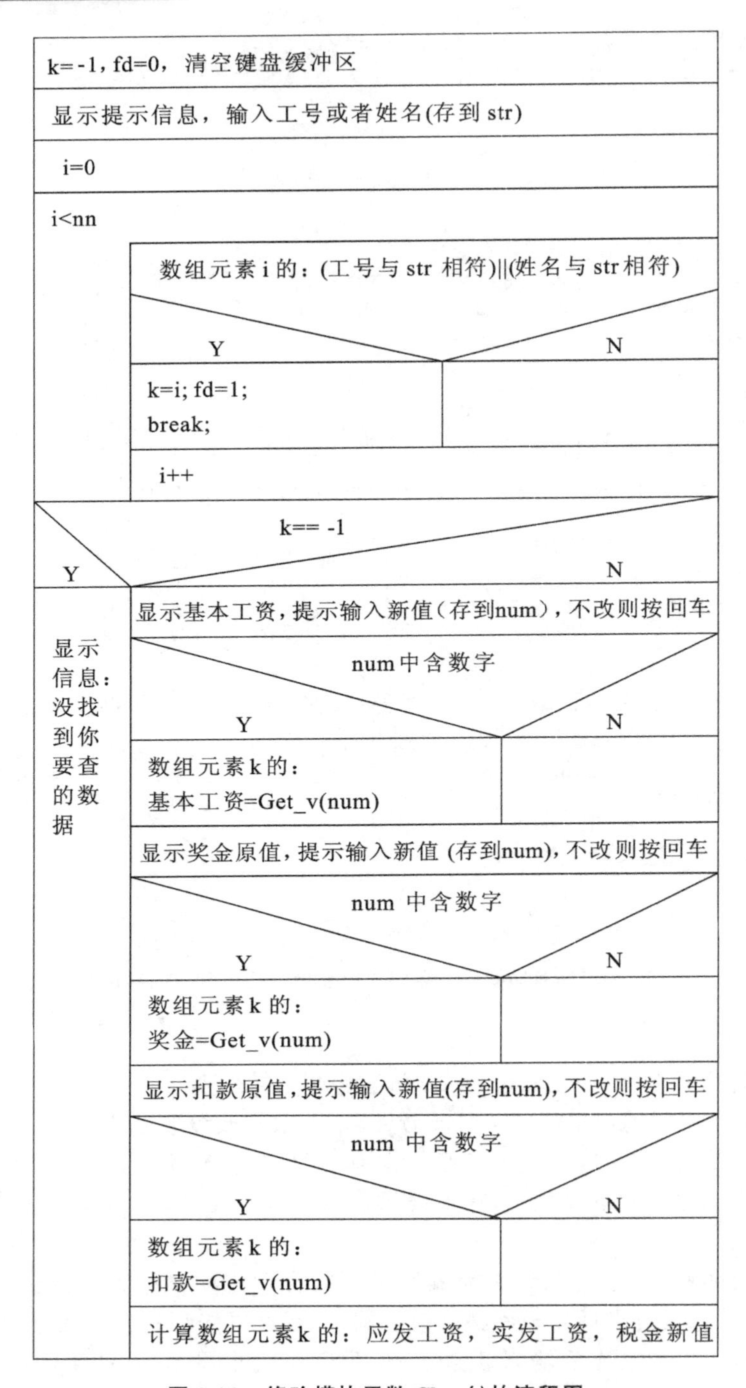

图 5-23　修改模块函数 Chng()的流程图

6. 计算模块与统计模块

本系统中的计算模块由函数 Calt()实现，功能是计算当月的税金与奖金总额。要计算的内容不多，其流程图如图 5-27 所示。

```
请选择功能序号: 1

按任意键继续浏览
工号  姓名      基本工资   奖金   职务  职称  应发   实发   扣款  税金
A1001  李晓霞     2000    100    200   360  2660   2627    0    33
A1002  秦凯       3000    200    300   210  3710   3625    0    86
A1003  赵芸蕾     3400    100    150   165  3815   3704   20    91
A1004  张继科     2300    200    135   290  2925   2859   20    46
A1005  冯喆       4000    500    210   400  5110   4935   20   156
A1006  陈一冰     4000    500    330   290  5120   4914   50   156
A1007  何可欣     3000    300      0   165  3465   3342   50    73
A1008  郭文珺     3400    100    100    87  3687   3573   30    84

按任意键继续浏览
```

图 5-24 修改效果图—修改前浏览

```
请选择功能序号: 7



 请输入你要修改数据职工的工号或者姓名
a1003
 原始数据如下:
工号   姓名
A1003    赵芸蕾


原基本工资:3400.00 请输入新值, 不改则按回车

 原奖金:100.00 请输入新值, 不改则按回车
200
 原扣款: 20.00 请输入新值, 不改则按回车
0
 修改后的数据如下:
工号   姓名        基本工资     奖金   扣款
A1003    赵芸蕾       3400.00  200.00   0.00


按任意键回主菜单
```

图 5-25 修改效果图—修改过程(只修改部分数据)

```
    *   1: 浏览              2: 计算        *
    *                                       *
    *   3: 统计              4: 查询        *
    *                                       *
    *   5: 添加              6:从文件添加   *
    *                                       *
    *   7. 修改              8. 退出        *
    *                                       *
    *****************************************

请选择功能序号: 1

按任意键继续浏览
工号  姓名      基本工资   奖金   职务  职称  应发   实发   扣款  税金
A1001  李晓霞     2000    100    200   360  2660   2627    0    33
A1002  秦凯       3000    310    300   210  3820   3729    0    91
A1003  赵芸蕾     3400    200    150   165  3915   3819    0    96
A1004  张继科     2300    200    135   290  2925   2859   20    46
A1005  冯喆       4000    550    210   400  5160   4982   20   158
A1006  陈一冰     4000    500    330   290  5120   4914   50   156
A1007  何可欣     3000    300      0   165  3465   3342   50    73
A1008  郭文珺     3400    100    100    87  3687   3573   30    84

按任意键继续浏览
```

图 5-26 修改效果图—修改完成后浏览结果对比

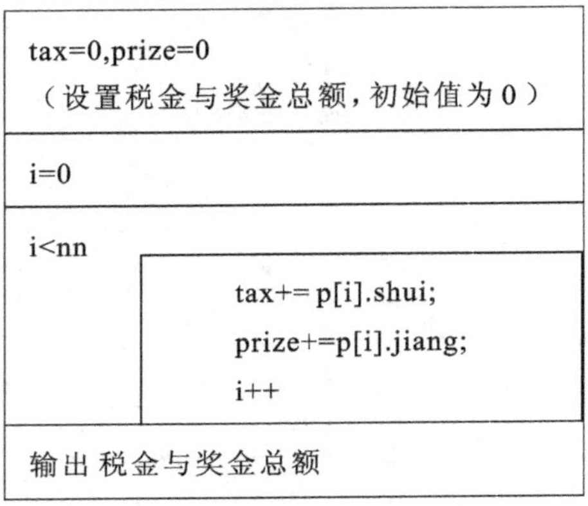

tax=0,prize=0
（设置税金与奖金总额，初始值为 0）
i=0
i<nn
tax+= p[i].shui;
prize+=p[i].jiang;
i++
输出 税金与奖金总额

图 5-27　计算模块 Calt()流程图

统计模块由函数 Stcs()实现。功能是统计基本工资在某个范围内的人数和所占比例。流程图如图 5-28 所示。在用户输入工资范围数据时，需要对输入的数值进行判断，保证终点值不小于起点值。

总人数 m=0;
输入基本工资范围的起点值 x1，终点值 x2
x1>=x2?
Y
N
again=1
again=0
again
i=0
i<nn
p[i].jiben>=x1&&p[i].jiben<=x2?
Y
N
m++
i++
输出 基本工资在 x1 到 x2范围内的总人数 m

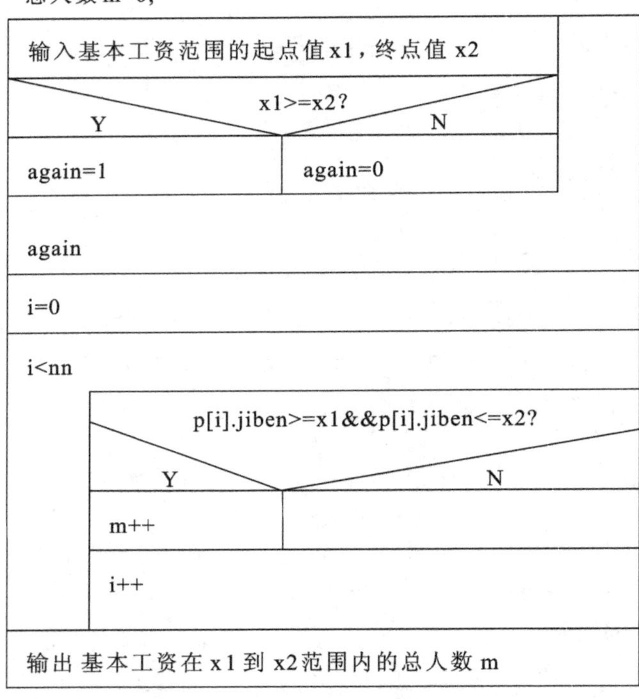

图 5-28　统计模块函数 Stcs()流程图

5.2.6　代码测试与改进

本系统中，从键盘追加数据模块的函数 Append()中有比较多的输入语句，进行了重点测试。

函数 Append()要求用户从键盘输入职工信息。其中，在要求输入人员类别、职务、职称时，程序列出相应的文字，用户只要输入选择值，程序根据用户的选择将对应内容存储到对应变量中。

要输入人员类别时，用户只需要输入数字 1 或者 2 即可。

第一次测试时输入的是1(这是预期值),程序顺利进入下一步。

第二次测试时输入的不是1或2而是4(不是预期值,但和预期值类型相同),程序出现提示并让用户再次输入。再次输入2后,程序顺利进入下一步。运行截图如图5-29所示。

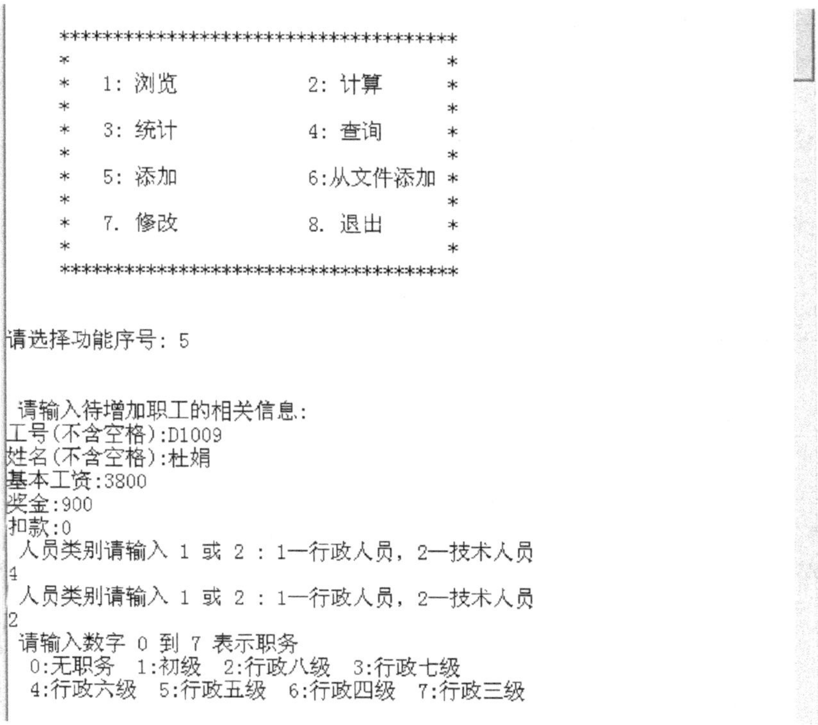

```
*************************************
*                                   *
*   1: 浏览           2: 计算       *
*                                   *
*   3: 统计           4: 查询       *
*                                   *
*   5: 添加           6:从文件添加  *
*                                   *
*   7. 修改           8. 退出       *
*                                   *
*************************************


请选择功能序号: 5


 请输入待增加职工的相关信息:
工号(不含空格):D1009
姓名(不含空格):杜娟
基本工资:3800
奖金:900
扣款:0
 人员类别请输入 1 或 2 : 1—行政人员, 2—技术人员
4
 人员类别请输入 1 或 2 : 1—行政人员, 2—技术人员
2
 请输入数字 0 到 7 表示职务
  0:无职务   1:初级   2:行政八级   3:行政七级
  4:行政六级   5:行政五级   6:行政四级   7:行政三级
```

图 5-29 追加数据模块运行截图

第三次测试时输入的不是数而是字母h(和预期值类型不同),程序出现了死循环,运行界面如图5-30所示。

```
人员类别请输入 1 或 2 : 1—行政人员, 2—技术人员
人员类别请输入 1 或 2 : 1—行政人员, 2—技术人员
人员类别请输入 1 或 2 : 1—行政人员, 2—技术人员
人员类别请输入 1 或 2 : 1—行政人员, 2—技术人员
人员类别请输入 1 或 2 : 1—行政人员, 2—技术人员
人员类别请输入 1 或 2 : 1—行政人员, 2—技术人员
人员类别请输入 1 或 2 : 1—行政人员, 2—技术人员
人员类别请输入 1 或 2 : 1—行政人员, 2—技术人员
人员类别请输入 1 或 2 : 1—行政人员, 2—技术人员
人员类别请输入 1 或 2 : 1—行政人员, 2—技术人员
人员类别请输入 1 或 2 : 1—行政人员, 2—技术人员
```

图 5-30 追加数据模块运行截图—出现死循环

该段程序代码为:

```
do{
    printf("人员类别请输入 1 或 2 :1—行政人员,2—技术人员\n");
    scanf("%d",&z1);
    if(z1==1) strcpy(p[nn].leibie,"行政");
    else if(z1==2)strcpy(p[nn].leibie,"技术");
}while(z1<1||z1>2);
```

实际输入字母 h，对应的输入语句为 scanf("%d",&z1);，输入内容（字符）与 scanf 语句的格式%d（整数）不符，程序出现死循环。但输入数据时用户键入任何一个键都是有可能的，所以程序中该语句必须修改，修改后的语句要能够保证不论用户输入时按下数字键还是其他符号键，语句都不出错。我们可以将它改为：

```
scanf("%c",&ch);  // char ch;
z1=ch-48;
```

将用户按下的键都当作字符来识别，如果恰好是数字键，则转化成键面所对应的整数，再判别是否为 1 或者 2。于是，原来的代码段改为：

```
do{
    printf(" 人员类别请输入 1 或 2 :1—行政人员,2—技术人员\n");
    scanf("%c",&ch);fflush(stdin);
    z1=ch-48;
    if(z1==1) strcpy(p[nn].leibie,"行政");
    else if(z1==2)strcpy(p[nn].leibie,"技术");
}while(z1<1||z1>2);
```

在执行了语句 scanf("%c",&ch);之后，增加一个函数调用 fflush(stdin);。目的是清除输入的第一个符号之后，留在输入缓冲区中的其他符号（包括回车符），如果不清除，它们将成为后续字符输入语句的输入数据，影响运行效果。代码修改之后的运行效果如图 5-31 所示。

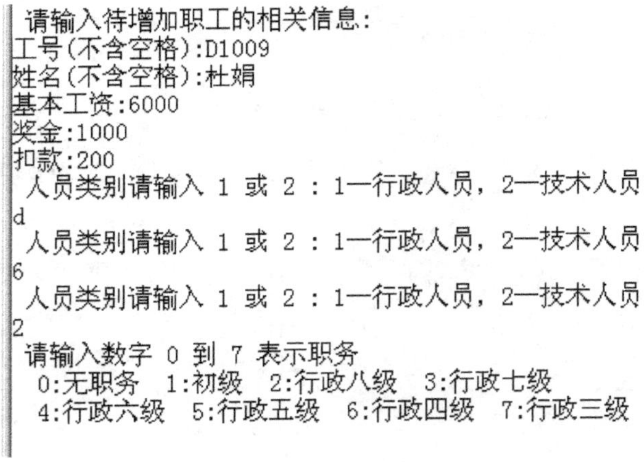

```
 请输入待增加职工的相关信息:
工号(不含空格):D1009
姓名(不含空格):杜娟
基本工资:6000
奖金:1000
扣款:200
 人员类别请输入 1 或 2 : 1—行政人员, 2—技术人员
d
 人员类别请输入 1 或 2 : 1—行政人员, 2—技术人员
6
 人员类别请输入 1 或 2 : 1—行政人员, 2—技术人员
2
 请输入数字 0 到 7 表示职务
  0:无职务  1:初级  2:行政八级  3:行政七级
  4:行政六级  5:行政五级  6:行政四级  7:行政三级
```

图 5-31 追加数据模块运行截图—修改代码之后的运行效果

其他输入编号的地方也要注意相同问题。

修改模块对应函数也有较多的输入输出语句，需进行重点检验。数据输出模块、浏览模块、查询模块在测试运行阶段进行了多次调整，使数据输出的效果更加整齐美观。

5.2.7 讨论

本系统进行了一些体现用户友好性的设计，但是还有一些地方可以改善。比如：

(1) 在查找与修改模块中，需要考虑职工姓名相同的情形。

在程序中查找与修改的算法是，只要查到相符的变量，查找循环就中止，这样做可以找

到一个相符的数据(只要存在),但是如果有同名的职工时,只能找到其中的一位。查找模块中查找循环的程序段为:

```
printf("\n\n\n 请输入你要查找职工的工号或者姓名 \n");
scanf("%s",str);
for(i=0;i<nn;i++)
if((strcmp(p[i].code,str)==0)||(strcmp(p[i].name,str)==0))
{fd=1;k=i;break;}
```

可以做如下修改,考虑到同名的职工人数超过 10 人的情况应当是极为罕见的,定义一个整型的一维数组 fk[10],存储工号或者姓名相符的职工的序号,数组元素个数为 10。将输入数据与数组中每一位职工的工号或者姓名逐一进行比较,如果出现工号或者姓名相符的情况就记录下该职工的序号。

修改后的代码段如下:

```
int fk[10];
for(i=0;i<10;i++) fk[i]=-1;//保存查到的数据的下标
printf("\n\n\n 请输入你要查找职工的工号或者姓名 \n");
scanf("%s",str);
for(i=0,fd=0;i<nn;i++)
if((strcmp(p[i].code,str)==0)||(strcmp(p[i].name,str)==0))
{fk[fd]=i;fd++;}
```

在后续输出数据的部分,只要数组 fk[]的元素非负,就要输出以该值为序号的职工工资数据。

在修改模块,如果也考虑同名情况,代码可以和查找模块做类似修改,也可以将“查找”与“修改”放在一起:使用循环结构逐一判断每个职工数据,如果工号或者姓名相符,则进行修改。

附录中的函数 Find()和 Find2()分别是未考虑同名情况和考虑同名情况的查找函数代码。

(2) 使用数据文件而非全局数组存储职务-工资对照信息和职称-工资对照信息。

为了简化职务工资和职称工资,系统将职务-工资对照信息和职称-工资对照信息初始化到了两对数组。为了让程序更具有通用性,可以考虑分别使用文件保存该信息,每次运行程序时从文件中读取数据到数组中,而不是在代码中使用固定数值实现数组的初始化,如果职称工资或职务工资有变化,只需要改变数据文件内容而不必改动程序代码。

(3) 工号的控制应该更加严格。可以考虑的改进是:

① 输入工号时通过长度的判断可以识别出长度不匹配的错误工号。

② 考虑由程序生成职工的工号而不是由用户手工输入。例如顺号增加,自动生成。

③ 使用文件保存已有编号的相关信息,例如,保存最后(数值最大)一个号。

(4) 输出文件 GZ.txt 的改进。文件内容可以增加一行表头文字,打印输出时可以一目了然;文件名可以包含表示年份和月份的信息文字,便于数据存档。

5.2.8 程序代码

作为课程设计报告,可以不必附上程序代码。为了给读者一个完整的示例,以下列出程序完整代码。

```
#include <stdio.h>
#include <windows.h>
#include <string.h>
#include <conio.h>
#include <ctype.h>
#define NN 50  /*职工人数 <NN*/
#define LID  10  /*职工工号长度<LID*/
#define NAM  20  /*职工姓名长度*/
#define MNCH  20  /*职称、职务、人员类别名称长度<MNCH*/
#define ZW  8  /*行政职务种类数量 */
#define ZC  13  /*技术职称种类数量 */
typedef struct employee
{
    char code[LID];  /*工号*/
    char name[NAM];  /*姓名*/
    float jiben;  /*基本工资*/
    float jiang;  /*奖金*/
    float kou;  /*扣款*/
    char leibie[MNCH];  /*人员类别*/
    float mzwu;  /*职务工资*/
    float mzcheng;  /*职称工资*/
    float yingfa;  /*应发工资*/
    float shifa;  /*实发工资*/
    float shui;  /*税款*/
}EMP;
EMP p[NN];     /*全局数组,一个元素对应一个职工 */
int nn=0;     /*nn为实际职工人数*/
char zhiwu[ZW][ MNCH]={"无职务","行政九级","行政八级","行政七级","行政六级","行
                      政五级","行政四级","行政三级"};
int m_wu[ZW]={0,100,150,200,300,450,700,1100};
char zhicheng[ZC][ MNCH]={"无职称","初级初等","初级中等","初级高等",
"中级初等","中级中等","中级高等","副高级初等","副高级中等",
"副高级高等","高级初等","高级中等","高级高等"};
int m_cheng[ZC]={0,50,70,90,150,220,290,400,550,700,1200,2000,3000};
void Read_file();  /*--数据读入模块 --*/
void Brow();  /*--  浏览模块  --*/
void Calt();  /*--  计算模块  --*/
void Stcs();  /*--  统计模块  --*/
void Find();  /*--  查找模块  --*/
void Find2();  /*--  查找模块  --*/
void Append();  /*--  从键盘追加  --*/
void File_add();  /*--  从文件追加  --*/
void Chng();  /*--  修改模块  --*/
void Writ_file();  /*--数据保存模块 --*/
void menu();  /*--菜单 --*/
```

```
/****************数据读入模块****************/
void Read_file()
{
FILE *fp;
int zw,zc;
if((fp=fopen("ZGXX.txt","r"))==NULL)   /*以读方式打开*/
  {
     printf("\n 无法打开职工信息数据文件 ……\n");
     exit(0);
  }
 /*工号,姓名,基本工资,奖金,扣款,人员类别,职务 0~7,职称 0~12*/
 /*应发工资= 基本工资+ 奖金+ 职务工资+ 职称工资
实发工资= 应发工资—税金—扣款
*/
for(nn=0;;nn++)
  {
     if(fscanf(fp,"%s%s%f",p[nn].code,p[nn].name,&p[nn].jiben)==EOF) break;
     fscanf(fp,"%f%f%s%d%d",&p[nn].jiang,&p[nn].kou,p[nn].leibie,&zw,&zc);
     p[nn].mzwu=m_wu[zw];p[nn].mzcheng=m_cheng[zc];
     if(strcmp(p[nn].leibie,"行政")==0) p[nn].mzcheng=0.3*p[nn].mzcheng;
     if(strcmp(p[nn].leibie,"技术")==0) p[nn].mzwu=0.3*p[nn].mzwu;
     p[nn].yingfa=p[nn].jiben+p[nn].jiang+p[nn].mzwu+p[nn].mzcheng;
     if(p[nn].yingfa<=2000) p[nn].shui=0;
     else if(p[nn].yingfa<=8000) p[nn].shui=(p[nn].yingfa- 2000)*0.05;
     else p[nn].shui=300+(p[nn].yingfa-8000)*0.1;
     p[nn].shifa=p[nn].yingfa-p[nn].shui-p[nn].kou;
  }
 fclose(fp);
 }
 /****************从键盘追加一个职工的信息****************/
 /****************输入工号或姓名时,直接输入空格或回车表示放弃本次操作****
************/
int none(char *str)    /*字符串内容为空 */
{
   if(strlen(str)==0||*str==' ')return 1;
   else  return 0;
}
void Append ()
{
   int z1,z2,i;
   char ch;
   FILE *fp;
   fflush(stdin);
   printf("\n\n 请输入待增加职工的相关信息:\n");
   printf("\n 请输入工号: \n  工号不含空格");
```

```
        printf("\n要放弃本次操作可按空格回车或直接按回车\n");
        gets(p[nn].code);fflush(stdin);
        if(none(p[nn].code))
        {
            printf("刚输入的工号为空,放弃本次操作。\n");
        }
        else
        {for(i=0;p[nn].code[i];i++) p[nn].code[i]=toupper(p[nn].code[i]);//将工
号里的字母转为大写
            printf("姓名:");scanf("%s",p[nn].name);
            printf("基本工资:");scanf("%f",&p[nn].jiben);
            printf("奖金:");scanf("%f",&p[nn].jiang);
            printf("扣款:");scanf("%f",&p[nn].kou);
            fflush(stdin);
            do{
                printf("人员类别请输入 1 或 2 :1—行政人员,2—技术人员\n");//scanf("%d",&z1);
                scanf("%c",&ch);fflush(stdin);
                z1=ch-48;
                if(z1==1) strcpy(p[nn].leibie,"行政");
                else if(z1==2)strcpy(p[nn].leibie,"技术");
            }while(z1<1||z1>2);
            printf("人员类别是%s 人员\n\n",p[nn].leibie);
            do{
                printf("请输入数字 0 到 7 表示职务\n");
                for(i=0;i<4;i++)printf("%3d:%s%",i,zhiwu[i]);printf("\n");
                for(i=4;i<8;i++)printf("%3d:%s%",i,zhiwu[i]);printf("\n\n");
                scanf("%c",&ch);fflush(stdin);z1=ch-48;
            }while(z1>7||z1<0);
            p[nn].mzwu=m_wu[z1];
            printf("职务是%s \n\n",zhiwu[z1]);
            do{
                printf("请输入数字 0 到 12 表示职称\n");
                for(i=0;i<4;i++)printf("%3d:%s%",i,zhicheng[i]);printf("\n");
                for(i=4;i<8;i++)printf("%3d:%s%",i,zhicheng[i]);printf("\n");
                for(i=8;i<13;i++)printf("%3d:%s%",i,zhicheng[i]);printf("\n\n");
                scanf("%d",&z2);fflush(stdin);
                }while(z2>12||z2<0);
                p[nn].mzcheng=m_cheng[z2];
                printf("职称是%s \n\n",zhicheng[z2]);
                if(strcmp(p[nn].leibie,"行政")==0) p[nn].mzcheng=0.3*p[nn].mzcheng;
                if(strcmp(p[nn].leibie,"技术")==0) p[nn].mzwu=0.3*p[nn].mzwu;
                p[nn].yingfa=p[nn].jiben+p[nn].jiang+p[nn].mzwu+p[nn].mzcheng;
                if(p[nn].yingfa<=2000) p[nn].shui=0;
                else if(p[nn].yingfa<=8000) p[nn].shui=(p[nn].yingfa- 2000)*0.05;
                else p[nn].shui=300+(p[nn].yingfa-8000)*0.1;
```

```
            p[nn].shifa=p[nn].yingfa-p[nn].shui-p[nn].kou;
            i=nn;
            nn++;
            printf("\n\n 新增加职工的相关信息如下:\n");
            printf("  工号    姓名    基本工资  奖金 ");
            printf("  类别  扣款    职  务    职  称\n");
            printf("%-8s%-10s%6.0f%6.0f",p[i].code,p[i].name,p[i].jiben,p[i].jiang);
            printf("%8s%6.0f%10s%12s \n",p[i].leibie,p[i].kou,zhiwu[z1],zhicheng[z2]);
            /* ----回写到职工信息文件 -------*/
            if((fp=fopen("ZGXX.txt","a"))==NULL)   /*以追加方式打开*/
                {
                    printf("\n 无法打开职工信息数据文件 ……\n");
                    exit(0);
                }
        fprintf(fp,"%s\t%s\t%.2f\t%.2f\t",p[i].code,p[i].name,p[i].jiben,p[i].jiang);
        fprintf(fp,"%.2f\t%s\t%d\t%d\n",p[i].kou,p[i].leibie,z1,z2);
        fclose(fp);
    }
}
 /****************追加模块(2) 从文件追加职工信息 ****************/
void File_add()
{
    FILE *fp1,*fp2;
    int zw,zc;
    char fname[20];
    fflush(stdin);
    printf("\n 请输入含有要添加职工信息的数据文件名(包括扩展名)……\n");
    scanf("%s",fname);
    if((fp1=fopen(fname,"r"))==NULL)   /*添加数据的来源文件*/
    {
        printf("\n 无法打开职工信息数据文件 ……\n");
        exit(0);
    }
if((fp2=fopen("ZGXX.txt","a"))==NULL)   /*以追加方式打开职工信息文件*/
{
    printf("\n 无法打开职工信息数据文件 ……\n");
    exit(0);
}
    for(;;nn++)
    {
        if(fscanf(fp1,"%s%s%f",p[nn].code,p[nn].name,&p[nn].jiben)==EOF) break;
        fscanf(fp1,"%f%f%s%d%d",&p[nn].jiang,&p[nn].kou,p[nn].leibie,&zw,&zc);
        /* ----回写到职工信息文件 ------*/
        fprintf(fp2,"%s\t%s\t%.2f\t%.2f\t",p[nn].code,p[nn].name,p[nn].
        jiben,p[nn].jiang);
```

```
            fprintf(fp2,"%.2f\t%s\t%d\t%d\n",p[nn].kou,p[nn].leibie,zw,zc);
            /* ---- 转化为工资数据 ------* /
            p[nn].mzwu=m_wu[zw];
            p[nn].mzcheng=m_cheng[zc];
            if(strcmp(p[nn].leibie,"行政")==0) p[nn].mzcheng=0.3*p[nn].mzcheng;
            if(strcmp(p[nn].leibie,"技术")==0) p[nn].mzwu=0.3*p[nn].mzwu;
            p[nn].yingfa=p[nn].jiben+p[nn].jiang+p[nn].mzwu+p[nn].mzcheng;
            if(p[nn].yingfa<=2000) p[nn].shui=0;
            else if(p[nn].yingfa<=8000) p[nn].shui=(p[nn].yingfa- 2000)*0.05;
            else p[nn].shui=300+(p[nn].yingfa-8000)*0.1;
            p[nn].shifa=p[nn].yingfa-p[nn].shui-p[nn].kou;
        }
        fclose(fp1);
        fclose(fp2);
    }
    /****************浏览模块****************/
    void Brow()
    {
        int i,k;
        for(i=0,k=0;i<nn;k++,i++)
        {
            if(!(k%8))
            {printf("\n按任意键继续浏览\n");k=0;
            getch();
            printf("工号  姓名\t基本工资    奖金  职务");
            printf("  职称  应发  实发  扣款  税金\n");
        }
            printf("%-8s%-10s%6.0f",p[i].code,p[i].name,p[i].jiben);
            printf("%6.0f%6.0f%6.0f",p[i].jiang,p[i].mzwu,p[i].mzcheng);
            printf("%6.0f%6.0f%6.0f%6.0f\n",p[i].yingfa,p[i].shifa,p[i].kou,p
            [i].shui);
        }
    }
    /****************查找模块****************/
    void Find()
    {
        char str[20];
        int i,k=-1,fd=0;
        fflush(stdin);
        printf("\n\n\n请输入你要查找职工的工号或者姓名\n");
        scanf("%s",str);
        for(i=0;str[i];i++) str[i]=toupper(str[i]);//将字符串中字母改为大写
        for(i=0;i<nn;i++)
        if((strcmp(p[i].code,str)==0)||(strcmp(p[i].name,str)==0))
        {fd=1;k=i;break;}
```

```
        if(k==-1) printf("没找到你要查的数据……\n");
        else
        {printf(" \n\n 你要查的数据如下:\n");
        printf("\n\n 工号  姓名\t 基本工资    奖金  职务");
        printf("  职称  应发  实发  扣款  税金\n");
        printf("\n%-8s%-10s%6.0f",p[i].code,p[i].name,p[i].jiben);
        printf("%6.0f%6.0f%6.0f",p[i].jiang,p[i].mzwu,p[i].mzcheng);
        printf("%6.0f%6.0f%6.0f%6.0f\n",p[i].yingfa,p[i].shifa,p[i].kou,p
        [i].shui);}
    }
  /****************查找模块 2--可以查找同名不超过 10 人****************/
void Find2()
{
    char str[20];
    int i,k,fd=0;
    int fk[10];
    fflush(stdin);
    for(i=0;i<10;i++) fk[i]=-1;//保存查到的数据的下标
    printf("\n\n\n 请输入你要查找职工的工号或者姓名 \n");
    scanf("%s",str);
    for(i=0;str[i];i++) str[i]=toupper(str[i]);//将字符串中字母改为大写
    puts(str);
    for(i=0;i<nn;i++)
    if((strcmp(p[i].code,str)==0)||(strcmp(p[i].name,str)==0))
    {fk[fd]=i;fd++;}
        if(fd)
        {printf(" \n\n 你要查的数据如下:\n");
        printf("\n\n 工号  姓名\t 基本工资    奖金  职务");
        printf("  职称  应发  实发  扣款  税金\n");
        for(i=0;i<10&&(k=fk[i])>=0;i++)
{
    printf("\n%-8s%-10s%6.0f",p[k].code,p[k].name,p[k].jiben);
        printf("%6.0f%6.0f%6.0f",p[k].jiang,p[k].mzwu,p[k].mzcheng);
        printf("%6.0f%6.0f%6.0f%6.0f\n",p[k].yingfa,p[k].shifa,p[k].kou,p[k].shui);
    }
}
else printf("没找到你要查的数据……\n");
fflush(stdin);
}
  /****************修改模块****************/
float Get_v(char *num)
{
    char *c=num;
    float value=0,f;
    while(*c>='0'&&*c<='9')  { value=value*10+(*c-48);c++;}
```

```
        if(*c=='.')
        {
            c++;
            f=10;
            while(*c)
            {value=value+(*c-48)/f;f*=10;c++;}
        }
        return value;
    }
    void Chng()
    {
        char str[20];
        char num[10],c1;
        float value;
        int i,k=-1,fd=0;
        fflush(stdin);
        printf("\n\n\n请输入你要修改数据职工的工号或者姓名\n");
        gets(str);
        for(i=0;str[i];i++) str[i]=toupper(str[i]);//将字符串中字母改为大写
        for(i=0;i<nn;i++)
        if((strcmp(p[i].code,str)==0)||(strcmp(p[i].name,str)==0))
        {fd=1;k=i;break;}
        if(k==-1) printf("没找到你要查的数据……\n");
        else
        {printf("原始数据如下:\n");
        printf("工号 姓名\n");
        printf("%-8s%-10s\n",p[i].code,p[i].name);
        printf("\n\n原基本工资:%6.2f 请输入新值,不改则按回车\n",p[i].jiben);
        gets(num);
        c1=num[0];if(isxdigit(c1))  p[i].jiben=Get_v(num);
        printf("原奖金:%6.2f 请输入新值,不改则按回车\n",p[i].jiang);
        gets(num);
        c1=num[0];if(isxdigit(c1)) p[i].jiang=Get_v(num);
        printf("原扣款:%6.2f 请输入新值,不改则按回车\n",p[i].kou);
        gets(num);
        c1=num[0];if(isxdigit(c1))  p[i].kou=Get_v(num);
        printf("修改后的数据如下:\n");
        printf("工号  姓名\t 基本工资    奖金  扣款\n");
        printf("%-8s%-10s%6.2f  %6.2f%6.2f\n ",p[i].code,p[i].name,p[i].jiben,
        p[i].jiang,p[i].kou);
        /* -----修改其余项-------不改回基本信息表-----*/
        p[i].yingfa=p[i].jiben+p[i].jiang+p[i].mzwu+p[i].mzcheng;
        if(p[i].yingfa<=2000) p[i].shui=0;
        else if(p[i].yingfa<=8000) p[i].shui=(p[i].yingfa- 2000)*0.05;
        else p[i].shui=300+(p[i].yingfa-8000)*0.1;
```

```
    p[i].shifa=p[i].yingfa-p[i].shui-p[i].kou;
    }
    fflush(stdin);
}
  /****************计算模块****************/
void Calt()
{
    float tax=0,prize=0;
    int i;
    for(i=0;i<nn;i++)
    {
        tax+=p[i].shui;
        prize+=p[i].jiang;
    }
    system("cls");
    printf("\n\n\n 总人数为:%d \n 共缴纳税金%.2f 元,",nn,tax);
    printf("奖金总额为%.2f 元\n",prize);
}
  /****************统计模块****************/
void Stcs()
{
    float x1,x2;int again=0;
    int i,m=0;
    do
    {
        printf(" \n\n\n 请输入要统计人数的基本工资范围 \n");
        printf("基本工资起点值(含): \n");scanf("%f",&x1);
        printf("基本工资终点值(>=%.0f): \n",x1);scanf("%f",&x2);
        if(x1>=x2)
        {printf(" \n 请输入一个较低起点值和一个较高终点值 \n\n\n");
        again=1;
    }
    else again=0;
    }while(again);
    fflush(stdin);
    for(i=0;i<nn;i++)
    if(p[i].jiben>=x1&&p[i].jiben<=x2)  m++;
    system("cls");
    printf("\n\n\n\n 本单位总人数为:%d 人\n",nn);
    printf("\n 基本工资不低于%.2f 元,且不高于%.2f 元的人数为:%d 人\n",x1,x2,m);
    printf("\n 占人数比例:%.2f%%\n",(float)m*100/nn);
}
  /****************保存数据模块****************/
  /*工号,姓名,基本工资,奖金,扣款,人员类别,职务工资,职称工资,应发工资,实发工资,税金 */
void Writ_file()
```

```
{
    int i;
    FILE *fp;
    if((fp=fopen("GZ.txt","w"))==NULL)
    {
        printf("\n 无法打开工资数据文件……\n");
        exit(0);
    }
    fprintf(fp,"%-8s%-12s\t 基本工资   奖金   扣款","工号","姓名");
    fprintf(fp,"人员类别 职务工资   职称工资 \t 应发      实发       税金\n");
    for(i=0;i<nn;i++)
    {
        fprintf(fp,"%-8s%-12s\t%.1f\t%.1f\t%.1f",p[i].code,p[i].name,p[i].
        jiben,p[i].jiang,p[i].kou);
        fprintf(fp,"%10s%8.1f%8.1f ",p[i].leibie,p[i].mzwu,p[i].mzcheng);
        fprintf(fp,"\t%8.1f%8.1f%8.1f\n",p[i].yingfa,p[i].shifa,p[i].shui);
    }
  fclose(fp);
  }
  /****************菜单****************/
void menu()
{
    int sele=1;
    char cs;
    while(sele)
    {
         do
         {
             system("cls");
             printf("\n");
             printf("  **********工资信息管理系统*********\n\n");
             printf("  ***********   主  菜  单***********\n");
printf("  *                                 *\n");
printf("  *   1:浏览             2:计算     *\n");
printf("  *                                 *\n");
printf("  *   3:统计             4:查询     *\n");
printf("  *                                 *\n");
printf("  *   5:添加             6:从文件添加 *\n");
printf("  *                                 *\n");
printf("  *   7.修改             8.退出     *\n");
printf("  *                                 *\n");
printf("  **********************************\n");
printf("\n 请选择功能序号:");
scanf("%c",&cs);
sele=cs-'0';
```

```
if(sele>8||sele<1)
{
    printf("\n  请按任意键后重新选择……\n");
    getch();
}
fflush(stdin);
}while(sele>8||sele<1);
    switch(sele)
    {case 1:Brow();break;
    case 2:Calt();break;
    case 3:Stcs();break;
    case 4:Find2();break;
    case 5:Append();break;
    case 6:File_add();break;
    case 7:Chng();break;
    case 8:sele=0;break;
    }
    if(sele)
    {
        printf("\n\n按任意键回主菜单\n");
        getch();
    }
  }
}
main()
{
    Read_file();//读工资信息文件
    menu();
    Writ_file();//写文件
}
```

第6章 课程设计题目

课程设计中出现的问题，是从实际生活中来的。在现实生活中，可以使用各种各样专用的输入输出设备与计算机相连接，例如打印机、读卡器、扫码器、制卡机等。课程设计编程时，通常不具备这些专用设备，所以还得用计算机的操作来替代或者模拟对这些设备的使用。例如，可以用"输入 IC 卡中所存储的若干数据项"来替代连接到计算机的读卡器的刷卡操作。再如，执行"给卡充值"操作，可以用"输入并保存一个表示金额的数值"进行模拟。在设计替代操作或者模拟操作时，要考虑到简便可行并兼顾合理性。如果课程设计题目中用到这类设备，请在课程设计报告中说明是什么设备，它们的哪些操作需要用计算机的什么操作进行替代或模拟。

下列题目取材于不同的生活与工作实践，从编写程序的角度来看，可能问题难度不尽相同。读者可以根据自己的实际情况和兴趣，增加题目要求或简化问题，或者重新描述一个相似问题进行程序设计，也可以从自己的学习、工作和生活中提炼出其他有趣的问题作为课程设计的题目。

6.1 调查问卷处理系统

编写一个应用程序，处理问卷调查的回收答卷，统计调查结果，提供信息查询。

【问题详述】

某调查机构每次发放的调查问卷有 n(例如 n＝20)个单项选择题，每个题都由题目和A、B、C、D4 个选项构成，题目和选项全部是文字，且长度(含标点符号)都少于 40 个汉字(80个字符)。每次发放调查问卷的数量都在 P(例如 P＝10000)份以内。要求应用程序对回收的答卷做如下处理：

(1) 统计回收答卷的总数和有效答卷数。

如果答卷中任意一题出现多选、未答或者是选项以外的答案，该答卷视为无效。例如，可能某次调查问卷的统计结果为：发放问卷 2000 份，回收答卷 1953 份，有效答卷 1920 份。

(2) 统计有效答卷中每一题四种选项的数量。

例如，某次问卷的统计结果是，第 2 题选择 A 选项的答卷数量为 448，选择 B 选项的答卷数量为 1205，选择 C 选项的为 253，选择 D 选项的为 14。

(3) 有效答卷中单题的选项分布查询：用户输入一个题号，程序显示题目和全部选项的文字内容，并列出调查答卷中该题各种选项的百分比。

例如针对某次问卷，输入题号为 2 时，查询结果为：

题目问题是，"你对自己所学的专业感兴趣吗?"，对应的选项文字及答题分布情况为：

选择 A"很感兴趣" 的占 23.3%；

选择 B"比较感兴趣" 的占 62.8%；

选择 C"还行吧" 的占 13.2%；

选择 D"没有兴趣" 的占 0.7%。

(4) 卷面内容查询：输入题号，显示卷面上该题及其各个选项的文字内容。

【提示】

(1) 将调查问卷内容按题号顺序保存为文本文件 QST. txt,每题占 5 行:题目占一行,每个选项的文字各占一行。例如,第 5 题在文件中的内容是:

5. 你喜欢玩网络游戏吗?

A:很喜欢,经常是一玩就不知道吃饭睡觉。

B:喜欢,有空时经常玩游戏,但不会影响正常工作学习。

C:有时玩。大家都玩,不能显得太另类了吧。

D:太费时间了,不玩。

(2) 将回收答卷的数据保存为文本文件 ANS. txt。文件的一行对应一份回收答卷,每一行都是由试卷中的 n 个题目的答案字母(大写)组成,可以统一不含空格,这样每行都是串长为 n 的字符串。例如,某答卷第 10 题选择了 A,则对应行的第 10 个字母是 A。无效答案记为字母 X。

(3) 统计结果写到 RSLT. txt 文件中,该文件的每行对应有效答卷一题的统计结果,每行 5 个整数,分别表示题号、选择 A、B、C、D 的答卷数量。例如,假设结果文件中第 2 行的 5 个数值是 2 448 1205 253 14,表示在回收答卷中,第 2 题选择 A、B、C、D 的数量分别是 448,1205,253 和 14。

(4)请自行设计一套调查问卷题目与选项文字以及回收答卷的数据,作为程序运行的输入数据。

6.2 试卷自动处理系统

【问题详述】

试卷自动处理系统可以对学生答卷进行自动评分统计并提供信息查询。某课程的试题全部是单项选择题,要求编写一个应用程序,根据标准答案对学生考试答卷进行评分,并对评分结果进行统计,生成有关统计数据并提供查询。具体要求如下:

(1) 将评分结果生成该课程的学生成绩表,学生成绩表文件的内容是学生的序号、姓名和分数。

(2) 计算以下统计数据并将它们生成到一个文件中保存起来。这些统计数据是:本次考试的平均成绩、最高分、最低分、标准差及五个分数段人数与百分比。五个分数段指的是:优(100～90)、良(89～80)、中等(79～70)、及格(69～60)和不及格(59～0)。

说明:一组数中每个数与平均值差的平方求和再求平方根就得到这组数的标准差,它反映的是一组数的离散程度。以三个数为例。设有一组数(53, 51, 46),它们的平均值是 50,它们的标准差是 5.10(每个数与平均值差的平方和是 3×3+1×1+4×4=26,26 的平方根是 5.10)。另一组数(67,47,36),平均值也是 50,但它们的标准差是 22.23。学生分数的标准差越小,表明分数越接近,成绩越均衡。

(3) 提供(2)中统计数据的查询与屏幕显示。

(4) 查询学生成绩——显示成绩取得优秀的学生人数和姓名以及不及格的人数和姓名。

(5) 学生试卷的查询:用户输入一个学生姓名,显示该学生答卷的选项字符串内容。

(6) 标准答案的查询:显示标准答案中每题的正确选项及得分数值。

(7) 更高要求:假设有 C 个班,提供各班的班号供选择,对所选择的班级提供以上功能。

【提示】

假设试题共有 T(例如 T=30)道。每个班学生总数不超过 N(例如 N=60)。标准答案和学生答卷是程序的输入数据。

(1) 试题的标准答案保存为文本文件 BD.txt。该文件依照试题顺序共有 T 行内容,每行 3 个数据,题号、本题的正确选项字母、本题的分值。

(2) 根据班级学生名册整理学生的答卷数据,生成答卷文件,该文件每行对应一名学生的答卷,一行有 3 项内容:学生序号、姓名、选项字符串。选项字符串通常是 T 个大写选项字母,按题号顺序排列,不含空格。例如,如果试卷有 30 题,答卷文件前 5 行的格式如下:

```
1 李珂    CACBDABCDBDCBCDCADBACCCAABBCBD
2 夏尚哲  CADBDABCDBDCBBCCBDBACCCBABBCBD
3 周正宇  CABBDDBCDCDCBBACCDBACCCAABBCBD
4 高韵秀  CADBDCBCDBDABBDABDBACCCAABBCBC
5 徐源    CADBDBBCDBACBCCCADBACACAAABCBD
```

如果答卷中某题空白未选或者是选项之外的字母,生成文件时该题答案对应字母均记为 X。

(3) 定义适当的学生结构体类型,用来存储学生的完整数据项。

(4) 需要自行设计一套试题的标准答案与答卷的数据,作为程序运行的输入数据。

6.3 居民小区水电费管理系统

【问题详述】

居民小区水电费管理系统可以对居民小区的用水、用电情况及应交费用进行查询与管理。物业管理公司负责居民小区内房屋的日常维护、管理的同时,代收水费与电费。居民小区住户总数不超过 N(例如 N=500)户。物业公司接管小区时,制作了初始的"房屋_户主登记表",该表记录每一户的住房号、户主姓名、水表初始读数、电表初始读数。住房号是按照"栋_单元_层_号"的形式表示的。例如,"16 栋 3 单元 21 层楼 3 号"表示为"16_3_21_3"。小区的房屋建筑总数不足百座,虽然结构不完全相同,但所有楼房的层高都不超过 30 层,每栋楼房 2~8 个单元,每单元 2~4 户。

物业公司手工收费时,造表登记每户居民的以下信息:住房号、户主姓名、水表记录、电表记录。其中,水表记录和电表记录的内容类似。以电表记录为例,每年要保留上年最后一个月的电表读数,每月定时抄录每户电表当月的读数。物业公司根据当月与上月电表读数的差值,得到住户当月的用电量,按供电公司的收费计价标准收取当月的电费。物业公司每月除了记录水表、电表读数,核算收取水电费之外,还根据各户用水用电数量,做一些安全防范提醒工作。例如,月用水不足 1 吨而且用电不足 10 度的住户,有可能房屋中经常无人,物业公司会加强安保巡视工作,关注房屋安全;月用电量超过 500 度的住户,物业公司要提醒业主注意用电安全,排查火灾隐患;月用水量超过 50 吨的住户,物业公司要提醒业主,是否存在水龙头忘记关或者水龙头漏水、水管破损等问题。

水费的计价公式:用水量的单位是吨。

$$\text{水费(元)}=\begin{cases}1.5\times \text{用水量} & (\text{用水量} \leqslant 20\text{ 吨})\\ 30+2.5\times(\text{用水量}-20) & (\text{用水量} > 20\text{ 吨})\end{cases}$$

电费的计价公式:用电量的单位是度。

$$\text{电费(元)}=\begin{cases}1.5\times \text{用水量} & (\text{用水量}\leqslant 200\text{度}) \\ 300+2.5\times(\text{用水量}-200) & (200\text{度}<\text{用电量}\leqslant 400\text{度}) \\ 800+4.0\times(\text{用水量}-400) & (\text{用电量}>400\text{度})\end{cases}$$

【程序要求】

编写应用程序，完成对小区各住户当年水费、电费的统计、查询与管理。提供以下功能：

(1) 每年生成新的住户水电数据文件 ZHSDF. txt(每年只执行一次)，自动生成住房号、户主姓名，取得住户上年最后一个月水表读数和电表读数，其他部分数据清零。

(2) 数据读取。读取文本文件 MONTH. txt 的内容，该文件中的数据项有住房号、户主姓名、水表抄数、电表抄数。它是物业公司当月逐户登记水表、电表抄数生成的文件。

(3) 数据输入。指定月份、住房号，从键盘输入该住户某月水表抄数、电表抄数。

(4) 修改数据。

① 修改住户数据。入住：指定住房号，输入入住的户主姓名；搬离：输入住房号，将户主姓名改为“无”。

② 修改水表电表数值。指定月份与住房号，修改水表数值、电表数值。

③ 指定月份、住房号，设置该住户当月交费标志为已缴费或者未缴费。

(5) 自动处理。在输入或者录入了住户的水表读数和电表读数之后，程序自动计算当月的应缴水(电)费。指定月份，对所有住户设置该月交费标志为已缴费或者未缴费。

(6) 统计功能。用户指定月份，统计整个小区该月水(电)费应缴费总额；统计该月水(电)费欠费总额。

(7) 查询功能。查询存在欠费的月份；指定月份，查询某月存在欠费的楼房栋号和住房号；指定住房号，查询该户当年截止到指定月的交费情况。

(8) 安全预警查询。指定月份，查询满足以下条件的住房号：该月用水量超过 50 吨的住户；用水不足 1 吨且用电量不足 10 度的住户；用电量超过 500 度的住户。

(9) 每年末，将住户水电数据文件 ZHSDF. txt 中住房号，户主姓名，最后一个月的水表、电表读数保存到来年初始数据文件 ORIGIN. txt 中。

请设计合适的菜单，让用户通过选择菜单的选项完成相应任务。

【最简要求】

编写应用程序，实现对小区各住户当月水费、电费的统计、查询与管理。

【提示】

每个住户水电费信息可以使用结构体存储，其内容有住房号、户主姓名、水费情况、电费情况。其中，水费情况、电费情况可以采用相同的数据结构存储。以“水费情况”为例，使用包含 13 个元素的结构体数组。每个结构体变量存储一个月水费情况，可以有 3 个成员，分别存储水表读数、应缴费金额、缴费标记；数组的 13 个元素，对应存储上年最后一个月和当年 12 个月的水费情况。

本系统中，住户水电费数据文件(ZHSDF. txt)内容为住房号、户主姓名、水费情况、电费情况，该文件每年初更新，每月底都要增加新数据，它反映住户一年的水电消费情况。

物业公司的“房屋_户主登记表” ORIGIN. txt 和月度水电文件 MONTH. txt 中的数据项相同，它们是住房号、户主姓名、水表读数、电表读数。这些文件为住户水电费数据文件 ZHSDF. txt 提供初始数据和每月的新数据。每年的 ORIGIN. txt 文件是由上一年 ZHSDF. txt 文件上的数据生成的。如果要保存每年的水电表数，文件可以使用不同名字，例如 ORIGIN_11. txt、ORIGIN_12. txt，加上年份来区别。

6.4 学生宿舍管理系统

【问题详述】

学校的宿舍管理部负责学生的住宿管理工作。有学生入住时，宿舍管理部将空床位分配给学生；有学生离校时，宿舍管理部回收相应的床位；平时，宿舍管理部提供相关查询服务。编写一个学生宿舍管理系统，对学生宿舍进行分配与回收管理并提供有关查询。男生宿舍与女生宿舍的房屋是各自独立的而且不可能安排合住，实际使用学生宿舍管理系统时，不共享数据文件，男生宿舍和女生宿舍各自运行自己的管理系统，因而在宿舍管理系统中性别是单一的。

宿舍管理部使用以下表格进行宿舍管理。

宿舍表，内容是：宿舍号，床位数，空床数。

住宿学生表，内容为：宿舍号，学号，姓名，电话。

学生数据表是安排学生入住的依据，内容为：性别，入住学生人数，所有入住学生的学号，姓名，电话。其中，学号是 12 位字母或数字，其前 5 位相同的学生，进校、离校的时间相同。

【程序要求】

学生宿舍管理系统提供合适的用户菜单，实现以下的宿舍管理、统计与查询功能：

(1)分配宿舍。

① 成批分配：顺序读取学生数据文件 STUT. txt，根据宿舍表为新生分配宿舍。屏幕显示输出分配给学生的宿舍号、学号、姓名，并生成入住新生文件 NEWIN. txt，需要时可以打印输出；更新住宿学生表 DMT. txt 和宿舍表 ROOM. txt 的数据；如果床位不够，还需列出未分床位的学生名单。

② 单独分配：输入人数，依次输入每人的学号、姓名、手机号，系统显示出分配的宿舍号。如果床位不够，给予相应提示。

(2) 回收宿舍。

① 成批回收：指定学号前 5 位字符，对符合条件的学生，输出其宿舍号、学号、姓名，通知其退出床位，并生成离校退房学生文件 BYE. txt；同时更新住宿学生表 DMT. txt 和宿舍表 ROOM. txt 的数据。

② 单独回收：输入学号或者姓名，回收对应学生的床位，更新住宿学生表 DMT. txt 和宿舍表 ROOM. txt 的数据。

(3) 统计：统计空床位总数；统计空宿舍（指该宿舍床位数和空床数相同）及其宿舍号，空宿舍的床位总数；指定学号前 5 位字符，统计符合条件的学生人数（床位数）。

(4) 查询：指定姓名或学号，查询该学生的宿舍号码；指定宿舍，查询住在该房间学生的姓名；指定电话号码，查询该号码的主人姓名及所住的宿舍号。

【提示】

(1) 将宿舍表的内容生成文本文件 ROOM. txt，每行 3 项数据，即宿舍号、床位数、空床数，对应一间宿舍。

(2) 将住宿学生表的内容生成文本文件 DMT. txt，每行对应一名学生，内容为宿舍号、学号、姓名、电话。

(3) 生成学生数据文本文件，男生数据文件名为 STUT1. txt，女生数据文件名为

STUT2.txt。两个文件的格式相同：第1行一个整数，表示入住学生人数，从第2行起，每行是1个学生的3项数据，即学号、姓名、电话。

(4) 入住新生文件 NEWIN.txt 与离校退房学生文件 BYE.txt 的内容相同，都是宿舍号、学号、姓名。

文件内容随着系统的操作同步更新，并长期保存。

6.5 手机通信录管理系统

【问题详述】

(1) 手机通信录中每个联系人的信息可以有5项内容，即姓名、电话号码、分类、电子邮箱、地址，前两项必填，后三项可以为空。

(2) 通信录最多可以保存N条(N=50)记录，如果记录已经存满N条且还想增加，只能删除一条已有记录才能添加新内容。

(3) 通信录中的内容按照联系人的姓名排序，新联系人的数据插入后，序列仍保持有序。通信录中联系人姓名相同的条目可以有多个，但是不重复保存姓名和电话号码两项都相同的记录。

(4) 通信录中分类名由用户自己确定，可以增加、修改和删除。通信录最多允许C(C=8)个不同的分类名称，例如"朋友圈""工作圈""社交圈"等。一条记录只能有一个分类名。

(5) 如果修改已有的分类名，则属于该分类的原有记录的分类名全部自动改为新的分类名。例如：原来通信录中分类名是"工作圈"的记录有15条，将分类名"工作圈"改名为"工作往来"后，这15条记录的分类名全部自动变成"工作往来"，通信录中不再存在分类名是"工作圈"的记录。

(6) 如果删除某分类名，属于该分类的记录处理方法有两种供用户选择：一种是删除该类所有记录；一种是仅将分类名改为空，保留记录。

【程序要求】

模拟手机通信录管理系统，以菜单形式为用户提供以下各项功能。

(1) 新增数据。

录入新联系人的数据。输入一个新联系人的信息，姓名和电话号码必须输入，其余3项可以为空。如果通信录中的原有记录数已满(有N条)，系统出现提示，让用户选择放弃此次操作或者先去删除一条已有记录再来添加新内容。录入新联系人信息时，如果姓名和电话号码两项与某个已有联系人的相同，则显示提示信息，让用户选择重新输入或者放弃此次输入。

增加分类。用户可以增加一个分类名。如果原来的分类名数目已经达到允许的最大值(C个)，系统显示提示，让用户选择放弃增加分类，或者删除一个已有分类名以增加新的分类名。

(2) 修改数据。

修改联系人信息：用户输入联系人姓名，系统显示该联系人的信息，并允许修改电话号码、分类、电子邮箱，地址；修改联系人姓名。

修改分类名：系统显示已有的分类名，用户选择要改名的分类名，输入新的分类名后，如果改名的分类名中有记录，系统对这些记录自动完成分类名的修改。

(3) 删除数据。

删除联系人：输入姓名，删除相符的记录。删除分类：首先选择对要删除分类中记录的处理方法（删除该类所有记录或者只删除分类名），然后输入分类名，删除该分类。

（4）查询数据。

根据姓名查询联系人的信息，根据电话号码查询联系人的信息。

（5）统计数据。

统计联系人总数，分类统计各类联系人数量。

【提示】

使用文件 Rcd.txt 存储通信录内容。文件 Rcd.txt 存储数据的形式可以为：第一个数据是整数，表示通信录中实际拥有的记录数，之后是逐条存储通信录内容。通信录内容按照姓名的降序排列。

程序中，通信录内容可以使用结构体数组来存储。数组长度为 N。将数据从 Rcd.txt 文件读入数组时即为有序（通信录未启用时数组全部元素的姓名都是相同的空值，也是有序的）。增加新记录时，在数组中找到应该插入的位置，将应该排在其后的记录依次向后移动，再将新记录插入到位。删除一个记录时，需要将被删除元素之后的元素依次前移。程序运行结束前，将结构体数组的内容按照约定形式重新写到文件 Rcd.txt。

程序中，也可以用有序的单向链表来存储通信录文件 Rcd.txt 的内容，单向链表中数据的增加与减少通过插入与删除结点实现，不涉及其他数据的移动。读者根据自己的实际情况选择采用哪种数据结构。

分类名可以使用文件 Clss.txt 存储。尽管在通信录未启用时其初始内容为空串，还是要创建这个文件。可以使用字符数组（例如 char cname[8][20];）在程序每次运行时存储从 Clss.txt 文件读入的数据。程序运行结束前，再将这个数组的内容写回文件 Clss.txt。在录入新联系人的数据时，输入“分类”这一项时，如果用户输入了一个新的分类名，则数组 cname[ ]应该有一个元素被重新赋值。也可以简单地这样来处理：录入新联系人数据的“分类”这一项时，只列出已经有的分类名或者空给用户选择，不让输入新的分类名。“新建分类”的操作功能，放在其他的菜单中。

6.6 超市会员卡管理系统

【问题详述】

超市对顾客办理会员卡以吸引顾客，顾客办理会员卡要登记的信息有姓名、身份证号、电话号码。顾客凭会员卡购物时享有一些优惠，刷会员卡消费可以积分，积分达到一定数量时可以兑换礼品或者充抵一定价值金额用于消费，比如 3000 积分可以兑换一只 500 毫升旅行水杯，每 200 分可以兑换成 1 元储值到会员卡（不能取现）；在指定时间，某些指定商品仅对持会员卡的顾客打折；顾客可以按某种折扣往卡内预存现金，例如存 100 元只需交 99 元但是无利息，不能取现，将会员卡当作储值卡使用。

【程序要求】

超市会员卡管理系统在每天营业结束后要读取当天销售文件内容，更新并重新保存会员卡文件中的数据。另外，还可以以菜单形式提供以下功能供超市管理员选择：

（1）办理新会员卡，将新会员数据添加到会员卡文件。

（2）查询积分：输入会员卡号、姓名、电话号码、身份证号之一，查询该会员截止到查询日期前一天的积分。

(3) 兑换积分：显示积分兑换的规则，输入会员号和姓名，根据会员的选择进行积分兑换并减去已经兑换的积分。

(4) 向卡内存钱：输入会员号和姓名，收取预存金额，并登记保存到会员卡文件。

【提示】

超市销售文件内容是以收银台的销售小票为基础的，其信息包括日期、顾客的会员号(顾客未出示会员卡时，会员号记为0)、消费金额。会员卡文件是按照卡号排序的会员卡信息，会员卡信息除了卡号、姓名、身份证号、电话号码之外，还应当包括会员积分和卡内金额。

读取当天销售文件内容，是超市每天打烊后必须完成的操作，在每天系统关闭前，由系统自动执行。

6.7 超市自助购物终端系统

【问题详述】

为了提高购物效率，超市安装自助购物终端。该终端的使用方法是：顾客将自己挑选的商品条码朝上放在传送带上，按下一个按钮，商品全部经过扫码器后，如果顾客输入确认信息，则商品装入购物篮，终端生成购货账单，顾客刷卡付清账单后，栏杆自动打开，顾客可以取走自己购买的商品离开购物区，一次购物活动就完成了；如果商品经过扫码器后顾客反悔不买了，则按下按钮打开栏杆，走出购物区，此次扫码作废，不生成账单，商品经过另外的通道重新送回超市。

【程序要求】

超市自助购物终端系统有两种用户，一是顾客，二是管理员。每天超市开门后，系统由管理员启动运行，默认用户是顾客，默认状态是等待下一位用户输入选择项。

顾客可选的操作有：商品扫码—生成账单—付账；商品扫码—退出。

管理员的操作需要先输入密码。管理员的可选操作有：将超市商品的信息录入系统，添加新商品信息，修改或删除商品信息；每天下班前统计当天销售情况，包括销售总额、每种商品销售数量；结束系统运行。

6.8 杂志订阅系统

【问题详述】

杂志订阅点为顾客提供杂志的订阅和送刊到户。每种期刊有一个特定的期刊号，每月出版K期(K=1,2,4，分别为月刊、半月刊和周刊)，每期的单价为P元。杂志订阅点有期刊的信息文件MAG.txt，文件内容包括期刊号、期刊名、每月的期次、每期单价。杂志订阅点保存订户的信息，有姓名、地址、电话号码、期刊号、订阅份数、起订年月、止订年月、金额。订户的信息保存在文件Reader.txt中。

【程序要求】

程序显示菜单，给用户提供以下功能选择：

(1) 增加新订户，输入订户信息；

(2) 根据当天日期，清理订户文件，删除已经到期订户的记录，将其添加到过期订户文件中；

(3) 根据当天日期，统计有效杂志订户数并输出统计结果；

(4) 根据当天日期,统计每种期刊的有效订阅份数;

(5) 查询某个时间段内,对各种期刊按订户数的降序排序结果;

(6) 在过期订户文件中查找,列出今年没有订阅期刊的订户信息。

【提示】

可以定义一个结构体类型,例如 struct Date {int year;int month;};起订年月、止订年月都是该类型的变量。

6.9 歌手比赛评选程序

【问题详述】

某地举办"我喜爱的歌手"现场比赛,比赛评选程序为该赛事提供名次统计和查询。比赛共有 N(N=30)位参赛者,按照演出顺序依次编号为整数 1~N。评委共有 C(C=10)人,每位评委按照 100 分制给参赛选手打分;比赛现场有座位 S(S=500)个,每个座位配有一个投票器,选手演出时,观众喜欢这位歌手可以按下投票器投票,若不喜欢就不投票。在每位选手演出过程的有效投票时间内,每个投票器最多只记录一次投票。

全部评委给参赛选手的评分,按歌手的出场顺序,存储在文件 F1. txt 中,该文件对应于每一位选手有 10 个分数;现场观众投票数按歌手的出场顺序,依次存储在文件 F2. txt 中,该文件对应于每一位选手只有该选手的得票数。

参赛者的比赛成绩=评委给分×0.4+观众评分×0.6

其中,评委给分=(去掉一个最高分,去掉一个最低分,其余分数的平均值),观众评分 =(现场观众投票数÷观众总数)×100。

【程序要求】

(1) 根据评委评分和观众投票数,完成对选手得分的计算和排名,生成一个排名后的选手文件 Singer. txt。

(2) 提供一个菜单,为用户提供以下功能选项:

① 查询歌手(以编号或者姓名表示)的排名;

② 查询前十名选手的编号、姓名和得分;

③ 输入编号或者姓名,查询最终的得分、评委给分和现场观众投票数。

6.10 机房机位预约系统

【问题详述】

机房机位预约系统对机房若干台电脑的预约登记和使用进行管理。机房有 20 台电脑,早 8 点到晚 8 点按每两小时一个时段对外提供上机服务,只要有空机位,可以随时直接上机,顾客也可以通过电话预约上机,或者电话取消预约,预约最长时间可以提前两周,例如顾客在 1 号最远可以预约 15 号的上机时间。如果是当天有预约的机位,顾客超过 1 小时未到,视作放弃预约,机房可以将该机位分配给其他顾客。机房有日志文件(Past. txt)保存着 20 台电脑过去的使用情况,还有预约记录文件(Reservation. txt)保存着 20 台电脑最近两周内的预约记录,这两个文件每天更新。

【程序要求】

机房每天开放前运行系统,首先读取预约文件数据,作为机房当天进行管理的依据;机房每天营业结束时，系统在关闭前，要将当天的机房实际使用情况追加到日志文件 Past.txt 的末尾，还要将第二天起两周内的预约情况重新保存到预约文件 Reservation.txt 中。机房营业时间内系统运行提供的功能菜单具有以下选项：

(1) 预约登记。根据预约顾客要求，输入日期、选择时段，如果有空机位，则登记顾客的姓名和电话号码，机位相应时段的状态设置为预约；如果没有空闲机位，则程序列出当天有空机位的其他时段供顾客选择，如果顾客需要预约，则登记。

(2) 退订。输入日期、时段、顾客姓名，取消预约，机位状态改为未预约。

(3) 上机登记。如果是预约顾客上机，改变机位的状态为使用；如果是非预约顾客上机，先查询空机位，若有空机位，顾客上机，并更改机位状态为正在使用，若无空机位，则程序显示当天有空机位的时段，提供给顾客参考选择。

【提示】

可以定义以下的数据类型：

(1) 存储顾客情况（姓名和电话号码）的结构体类型 Cstf。

```
typedef struct
{   char name[20]; //顾客姓名
    char tel[12]; //电话号码。号码本身 11 位
} Cstf;
```

(2) 表示一台电脑在一个时段的状态和顾客情况的结构体类型 PCInf。

```
typedef struct
{   intstate; //机位状态有:空闲,未预约,已经预约,正在使用
    Cstf cst;
}PCInf;
```

(3) 存储机房一天全部机位信息的结构体类型 Diary。

```
typedef struct
{   int year; int month; int day;
} Date; //存储日期的结构体类型
typedef struct
{   Date dd;
    PCInfpc[20[6];
} Diary;
```

机房日志文件记录每天的机位使用状态，其内容是日期和机位信息。机位信息要反映 20 台电脑在 6 个时段的使用情况，日志文件中一天的内容对应于结构体类型 Diary 的一个变量。

定义一个结构体 Diary 类型的内存数组 wday[15]，该数组有 15 个元素，每天营业开始时该数组对应当天起的连续 15 天内机位的预约内容。其中，第 15 个元素对应的电脑在所有时段的状态都是未预约；当程序运行到当天营业结束时，第 1 个元素变量 wday[0]表示机房当天的实际上机情况，程序开始运行时，系统首先从预约文件读取数据，作为数组 wday[ ]前 14 个元素的值，第 15 个元素对应的电脑在所有时段的状态都是未预约。程序结束运行前，数组 wday[ ]第 1 个变量表示当天各个机位的实际上机情况，要追加到过期日志文件中去；数组 wday[ ]的后 14 个变量表示自次日起两周内的机位预约情况，要重新写到预约文件中，作为第二天运行程序的依据。

6.11 停车场管理系统

【问题详述】

停车场有 30 个车位。每天早上 6:00 开放,晚上 12:00 关闭,关闭后禁止车辆出入。停车每小时收费 PH(PH=6)元,每天停车场关闭前未开走的车,过夜费按照每辆车 PN(PN=100)元计费,次日继续从早上 6:00 开始计时收费,实际收费金额按照元为单位四舍五入。例如,某车于 8 日 20:06 开进停车场,在 9 日 11:02 离开,因其在停车场驻留一夜,应当收费 154 元[6.0×(3+54.0/60)元+100 元+6.0×(5+2.0/60)元]。

【程序要求】

主菜单上显示当前停车场的空车位数。如果当前空车位数是 0,则显示提示:车位已满,不允许停车。主菜单的选项有:(1)停车。(2)取车。(3)查空位。(4)关闭停车场。

执行“停车” 操作时,输入车牌号、时间(几点几分),显示指定停车的车位号,车辆驶入。

执行“取车”操作时,输入车牌号、时间,计算并显示应交的停车费,销位,放行车辆。

执行“查空位”操作时,查询空闲的车位号。

执行“关闭停车场”操作时,对仍在停车场的车辆,计算其当天产生的应交费用,设置其次日计时起点时间为 6:00,再按照车位保存数据到文本文件。

【提示】

停车场关闭后,程序要结束运行,需要将驻留过夜车辆的信息用文件保存,假设文件名为 Fpark.txt。可以定义一个结构体类型,用来表示停车位的数据,定义该类型的数组,用来存储停车场所有车位信息。例如:

```
typedef struct
{   int hour;   //用 24 小时制表示的几点钟
    int minute;   //分钟
}HM;
typedef struct
{   int kp;   //状态:占用=1,空闲=0
    char code[10];   //车牌号
    HM time;   //进场时间
    int sum;   //应交费用
}Site[30];
```

停车场每天开门营业时,将车位的数据从文件 Fpark.txt 读入内存变量。

某车位(下标为 i 的车位)停有车辆时,Site[i].kp=1。

取车时,根据车牌号找到车位,根据进场和取车时间,计算应收的停车费。完成收费后,放行车辆,再将相应车位设置为空闲——Site[i].kp=0;车牌号设为号码全 0;进场时间的时、分的数值均为-1;Site[i].sum=0;。

关闭停车场时,查找所有 Site[i].kp 值为 1 的车位,计算并修改应交费用 Site[i].sum;设置进场时间的时、分的数值分别为 6,0,表示早上 6:00;最后将处理后的所有数据重写到文件 Fpark.txt。

停车场开张(首次运行停车场管理系统)时,停车场内所有车位都是空闲的,文件 Fpark.txt 中对应 30 个车位的数据全都是相同的,应该是:0000000　-1　-1　0。

6.12 居民小区车辆管理系统

【问题详述】

物业管理公司使用居民小区车辆管理系统对出入居民小区的车辆进行管理。居住在小区的车主,要向物业公司交纳车辆管理费并将车辆停放在小区车库。车辆管理费可以逐月交或者预交,物业公司保存缴费记录,生成一个小区居民车辆管理费缴费记录文件 Carfee.txt,其内容是:(按车牌号排序的)车牌号,车主姓名,车主电话号码,交费年月。交费年月是指所交费用有效期的截止时间。小区居民的车辆可以随时出入小区,不必另外交停车费。

外部车辆在每天的 5:00～23:59 可以进入小区,任何时候都可以开出小区。外部车辆出入小区时,要按照停留时间收费。收费标准是:停留不足 30 分钟不收费;30～60 分钟收费 3 元;之后每多停留 1 小时,加收 3 元,收费金额以元为单位四舍五入。例如:停车 55 分钟,收费 3 元;停车 81 分钟,收费 4(3＋3.0×21/60＝4.05)元;停车 96 分钟,收费 5(3＋3.0×36/60＝4.80)元。

【程序要求】

车辆管理系统对出入小区的车辆进行识别和收费管理,允许或禁止车辆进入小区。系统主菜单中显示当前滞留在小区的外来车辆数量。若外来车辆数量不超过 3 台,同时还显示其车牌号码。

该居民小区车辆管理系统提供功能菜单的选项有:

(1) 车辆进入(5:00～23:59):扫描车牌号码,如果是小区车辆,则查看其交费期限(如果其费用已经过期,系统要出现提醒),允许通过;如果是外部车辆,保存其进入时间、车牌的数据,允许通过。

(2) 车辆凌晨进入(0:00～4:59):扫描车牌号码,如果是小区车辆,则查看其交费期限,如果其费用已经过期,系统要出现提醒,允许通过;如果是外部车辆,出现提醒,不允许通过。

(3) 车辆驶出:扫描车牌号码,如果是小区车辆,则允许通过;如果是外部车辆,计算并显示其应交的停车费,收费后允许通过。

(4) 零点更新:在每天的 0:00～0:59 之间手动进行一次。

(5) 退出:程序退出主菜单,将外部车辆的数据保存到数据文件 fcar.txt。

【提示】

系统使用一个文本文件 fcar.txt 保存当前滞留在小区的外部车辆的车牌时间信息。文件内容是:第一个数据是滞留小区的外部车辆数量;之后是每台外部车辆的数据(车牌号码、进入时间、应交费用)。如果外部车辆数量为 0,则该文件内容就只存储这一个整数。系统每次运行时,要读取文件 Carfee.txt 和文件 fcar.txt 中的数据,便于进行车辆的管理。系统结束运行时,要重写 fcar.txt 文件。

在每天的 0:00～0:59,系统进行"零点更新"操作时,先查询是否有外部车辆的数据,如果有,则对每台外部车辆计算其从"进入时间"到当天 24:00 之间的停车费用,并将结果累加到"应交费用",再将其收费计时的起点时间(进入时间)重置为 0:00。进行"零点更新"操作的最后,将更新后的数据重新保存到文件 fcar.txt 中。

可以定义两个表示时间的结构体,一个是 HM,其成员是 24 小时制表示的小时和分钟,车辆出入的时间用该类型的变量表示。

```
typedef struct
{   int hour;   //用 24 小时制表示的几点钟
    int minute;   //分钟
}HM;
```

另一个是 YM，其成员是年份和月份，小区车辆交费期限使用该项类型变量。

```
typedef struct
{   int year;   //表示年
    int month;  //月
}YM;
```

文件 Carfee. txt 的内容共有 4 项，系统运行时读取文件 Carfee. txt 的内容是用来识别出入的车辆是否为小区的车辆，只需要用到其中的两项，即车牌号和交费年月。可以定义一个私家车的结构体 PCar，在程序中使用一个该结构体数组 myc[N]保存文件中相应内容。

```
typedef struct
{   char code[10];   //车辆的车牌号
    YM day;
}PCar;
PCar myc[N];
```

假设小区车辆目前有 N 台(＃define N 30)。用宏 N 定义，有变化时可以改。

文本文件 Carfee. txt 中的数据项比内存数组 myc[ ]的数据项更多。从文本文件 Carfee. txt 中读取数据到内存数组 myc[ ]时，需要注意数据的位置对应关系，可以定义合适的变量存储数组 myc 中不需要的数据项。

外部车辆的数据在程序中可以使用链表来存储。每个结点对应一台车辆。链表结点对应的结构体可以定义为：

```
typedef struct tcar
{   char code[10];   //外部车辆的车牌号
    HM time;
    int sum;   //应交费用
    struct car*next;
}TCar;
```

系统运行时，先要读取文件 fcar. txt 中的数据，生成外部车辆数据的链表；需要一个全局变量，保存当前外部车辆数量(例如，int count_car;)，读取文件 fcar. txt 时，获得它的初始值。有外部车辆进入小区时，生成其结点信息，并将结点加到链表尾部，外部车辆数量 count_car＋＋;，外部车辆开出时，找到车牌号相符的结点，先计算其应交费用(当天的停车费用＋sum 值)，再从链表中删除该结点，外部车辆数量 count_car－－;“零点更新”操作时，对链表中每个结点都进行一次计算费用(sum 值)和时间(time)重置的操作；退出主菜单后，重写数据文件 fcar. txt，写入的第一个数据是链表中结点个数 count_car 的值，表示的是滞留小区的外部车辆数量，再将链表数据依次写到文件 fcar. txt。

6.13 运动会管理系统

【问题详述】

运动会组委会规定本次运动会的比赛项目，通常有男子组和女子组的跳高、跳远、铅球，以及 50 米、100 米、800 米、1000 米赛跑等项目。组委会保存各班级运动员报名表并对运动员进行编号；各班级运动员报名表保存为文本文件，其内容有班级号、运动员编号、姓名、项目名。运动会期间，每当有某项比赛结束时，组委会都收到一份项目的成绩表，项目成绩表的数据内容有项目名、名次、成绩、运动员编号。例如：

男子跳高　1　1.58　24

男子跳高　2　1.55　58

男子跳高　3　1.50　35

每收到一份新的成绩表，要更新班级团体总分的排名。项目名次积分规则为：每项目前三名有积分，第一名积5分，第二名积3分，第三名积1分。积分名次和规则也可以自己另外确定。

【程序要求】

编写一个应用系统，要求能够完成运动会的比赛成绩录入、积分计算、班级团体总分排名，并提供以下查询功能：查询已经结束的比赛项目名、尚未进行的比赛项目名，查询当前的班级团体总分排名。

【提示】

运动会会期可能不止一天，要求一天的比赛结束时，系统能够保存当天的比赛数据，第二天运行系统时，恢复前一天的比赛数据。

6.14 交通处罚单处理系统

【问题详述】

随着城市私家车辆的快速递增，交通违章的现象也同步增加。交通警在执勤时遇到交通违章违法时会开具交通处罚单。交通处罚单上有以下数据：处罚单号、处罚时间（年月日时分）、违章车辆牌号、驾驶人驾驶证号、驾驶人姓名、违法事项名称、执法交警号码。违法事项名称，例如超速行驶、闯红灯、违法用灯、违章停车等。每位交警有唯一的警号。公安交管部门保管着车辆档案、驾驶证的档案。有关驾驶证的数据有驾驶证号、驾驶人姓名、准驾车型、年度扣分值等内容。编写一个交通处罚单处理系统，模拟对交通违章处罚的统计与管理。

【程序要求】

工作人员在每天固定时间将最近 12 小时内的交通处罚单数据进行处理并保存为文件供系统使用。具体是：早 8:00 生成前一天 18:01～当天 6:00 时段的罚单数据文件；晚20:00 生成 6:01～18:00 时段的罚单数据文件。系统要将每天的两个处罚单数据文件内容添加到总的处罚单数据文件中。系统提供功能选择菜单，主要功能有：

(1) 录入新罚单（遗漏的罚单）；

(2) 从当天的罚单文件读取数据（不能重复读取相同数据文件内容）；

(3) 浏览：浏览当天的罚单；

(4) 查询：指定车辆牌号、驾驶证号、交警号之一，查询当天相符的罚单；

(5) 统计：统计当天的某时间期间（例如 17:30～19:30）内，次数最多的处罚事项；统计某时间期间内各种处罚事项的次数。

选做：

浏览：指定年月日，浏览该天的处罚单。查询：在指定的日期期限内查询指定车辆牌号、驾驶证号的处罚单。统计:统计指定的日期期限内的某时间期间内各种处罚事项的次数。

6.15 房产销售管理系统

【问题详述】

房地产开发商使用房产销售管理系统对住宅房产的销售进行管理。住宅开发项目的每套房产都有唯一的编号。销售部对所销售的房源存有如下信息:编号、朝向、楼层(总层数_层位)、面积、价格。销售部每天接待客户的电话咨询和来访咨询,向客户介绍房产的信息,记录客户的电话号码、姓名和有购买意向的住房编号;销售部还对咨询过的客户进行电话回访,并记录回访时间与次数;销售部将客户咨询与回访情况,作为预测项目销售前景与制订推销对策的依据;销售部还负责与客户签订购房合同。

【程序要求】

编写住宅房产销售管理系统,提供系统菜单,实现房产数据的查询、统计和销售管理。销售管理系统使用的数据文件有:

(1) 文本文件 source. txt 存储房源信息,每套房产的信息有五项内容:编号、朝向、楼层(总层数_层位)、面积、价格。

(2) 文本文件 guest. txt 记录客户的信息,每位客户的信息包含以下内容:电话、姓名、有购买意向的住房编号(最多保存 3 个)、通话次数、最近电话回访日期。

(3) 文本文件 sold. txt 记录已销售房产的信息,每套已销售房产的信息有以下内容:编号、面积、价格、售出时间、合同号、房主姓名、房主电话。

销售管理系统的主要功能有:

(1) 新客户登记:登记首次前来咨询客户的电话、姓名和有购买意向的住房编号(最多可以记录 3 个不同房号)。新客户信息添加到 guest. txt 文件。

(2) 老客户信息修改:增加、修改或删除有购买意向的房号;修改最近电话回访日期;修改通话次数;修改客户的电话,修改后的客户信息存储到 guest. txt 文件。

(3) 提供房源信息查询:输入朝向、楼层、面积范围、价格范围,系统显示出符合条件的房源数量和编号。

(4) 统计:根据客户文件中"有购买意向的住房编号",对房源进行排序,找出最受欢迎房源前 10 名,输出其各项指标。

(5) 登记已经签订了销售合同的房源,将其信息添加到已销售房源文件 sold. txt。

【提示】

定义房产结构体,其成员除了房产信息文件中的五项内容之外,可以再增加一个成员,用来统计有购买意向的客户数。客户信息文件 guest. txt 中的内容可以按照电话号码排序后存储,便于查找。

6.16 医院就诊卡管理系统

【问题详述】

医院要求来就诊的患者持卡就医,一人一卡,刷卡就诊与付费。编写应用软件,模拟医院的就诊卡管理系统。患者首次就医时要办理就诊卡。办卡时,要告知姓名与身份证号,此时可以往卡内存钱,系统生成一个卡号,院方保存患者的卡号、姓名、身份证号、卡内金额四项信息。患者持卡挂号后，到相应科室就诊。医生接诊，开处方后，负责将治疗费、检查费、药品费的各项应交金额数值（如果有的话）输入到就诊卡中。患者按照处方接受治疗、进行检查与取药时刷卡，系统自动扣费，如果卡内余额不足，患者需往卡内续费后才能继续进行治疗、检查与取药。

【程序要求】

要求就诊卡管理系统提供如下的菜单功能：

(1) 办卡。为首次就医的患者提供办理就诊卡和就诊卡充值（可选）的功能。系统生成卡号，保存患者的卡号、姓名、身份证号、卡内金额四项信息。

(2) 挂号。患者就诊前必须挂号。患者刷卡，系统向卡内写入当天日期，按照挂号科室的挂号费自动从卡中扣费，如果余额不足，则系统提示"余额不足，请续费"。在挂号处可以续费，向卡内充值。不同科室挂号费由院方确定并公布在挂号处。挂号时，如果系统显示卡内有前次看病时未取的药品（未进行的检查项目），要先询问患者是否取药（检查），如果是，则暂不挂号，请患者先去取药（做检查）；如果患者不想取药与检查，则先将各项应交费用置0，再完成本次挂号。

(3) 诊治。医生接诊后，根据所开处方的药物和检查项目，计算出患者应交的药物费用、检查费用与治疗费用，输到就诊卡中。

(4) 取药（检查/治疗）。患者取药（检查/治疗）时先刷卡，系统按照应交的药物费（检查费/治疗费）金额数值，自动从卡内余额中扣除并将对应的应交费用标记为0，再将处方中的药品交给患者（对患者进行检查/治疗）。如果卡内余额不足，则系统不扣费并提示"余额不足，如需取药（检查/治疗）请续费"。

(5) 取卡内余额。患者可以刷卡取走卡内当前余额。

(6) 续费。患者可以选择该项功能，刷卡后向就诊卡内充值续费。

(7) 余额查询。患者可以刷卡查询卡内当前余额。

【提示】

就诊卡的卡号是系统自动生成的，没有重复的号码。

模拟"刷卡"操作，可以向系统输入就诊卡的卡号，找到相符的就诊卡。

患者保存就诊卡，系统要使用文件长期保存就诊卡中的信息。

6.17 酒店客房管理系统

【问题详述】

编写应用程序，对酒店客房进行管理。酒店有商务间和豪华间两种类型的客房，不同类型房间的住宿费不同。酒店登记每个房间的房号、类型、使用状态（空闲/占用/准备）和客人信息，可以随时查询客房当前的使用情况。客人进店后，如果有空房间，酒店按照客人要求的类型分配房间，登记客人入住的日期时间、姓名与身份证号，安排入住。客人离店时按照住店天数收费结账，同时安排工作人员清洁整理房间，准备迎接新的客人。通常情况下，客人每住一个晚上计算一天的房费，但是如果在上午10:00之前入住或者下午15:00之后离店，这个白天要计一天的房费。

【程序要求】

应用程序菜单显示当前各种类型空房间的数量，提供如下功能选择：

(1) 客人入住登记。将类型符合要求的空房间分配给客人，登记客人信息，即入住日期时间、姓名与身份证号，将该房间的使用状态设置为“占用”。

(2) 退房结账。输入房间号、退房日期时间，核对客人信息，收费；将该项房间状态设置为“准备”。

(3) 查询房间状态。输入房间号，显示房间的类型、房间收费标准和当前状态。

(4) 统计空房间类型和数量。列表显示酒店当前空闲房间的房号、类型和房间收费标准。

(5) 房间准备就绪。将已经清洁整理过的房间的状态设置为“空闲”。

【提示】

客房信息要用文件保存，不会因程序结束运行而丢失。如果系统连续运行，要定时更新客房信息文件。

可以定义结构体类型变量存储客房信息，程序中使用结构体数组保存所有客房的数据。客房结构体类型存储下列成员的信息：房号、类型、使用状态(空闲/占用/准备)和客人信息。其中，“客人信息”又是一个结构体变量，含有入住日期时间、姓名、身份证号、住宿费用等内容。

可以定义一个函数，在每天的中午 12:00 之后执行，其功能是自动计算住宿费用：凡是状态为“占用”的房间，增加一天的房费。

6.18 网站用户管理系统

【问题详述】

编写应用程序，模拟网站对注册用户进行管理。网站对注册用户提供一些付费或免费的文件下载或在线娱乐活动，用户参与网站的活动可以获得积分。用户完成网站的注册操作即可成为注册用户。注册时，用户自己提供用户名，但是不能与网站先注册的用户名相同。用户注册后，具有初始的用户等级，可以向自己的户头中存入网币用于付费。用户可以查看自己的网币余额、用户等级和积分，可以选择将积分兑换成网币，或者用于提高等级。高等级的用户享有更多特权。

网站根据所有注册用户上网的活动记载文件，每天定时累计用户的积分。用户上网的活动记载文件内容是：用户名、活动内容、得分数值。例如，文件中某段内容为：

```
小红帽          发表评论文字 30 以上      30
懒得理你        发表情                    1
懒得理你        点赞                      1
How-Dare233     贴图                      20
```

网站将用户参加活动获得积分的情况保存在“活动名称与积分对照表”中，用户可以查询到该内容，网站推出新的活动时，会修改活动名称与积分对照表。

【程序要求】

该系统用户有管理员与网络用户两类，用户按类别登录、输入用户名与密码后，系统将提供不同功能的菜单。

(1) 系统提供给管理员的功能选项：修改积分兑换规则；读取用户活动记录文件，累积用户积分。

(2) 系统为网络用户提供的功能选项有新用户注册、积分兑换、用户信息查询、网币充值。

【提示】

新用户注册后，系统自动将注册成功的用户信息添加并保存到用户信息文件中。保存信息的操作是系统必须完成的，不另外列到菜单中。

6.19 代理商管理系统

【问题详述】

某企业的若干种产品通过代理商销往全国各地。要求编写代理商管理系统，实现对代理商和所经销产品的管理，系统提供一定的统计查询功能，为企业的产品营销和产品创新提供参考信息。

企业有一个名为“产品名录”的文件，记载了企业目前所有产品的简要资料。该文件的内容是产品的编号、产品名称、性能说明（不到 50 个汉字）。企业使用文件保存代理商的资料，其内容包括代理商的编号、单位名称、法人姓名、电话、传真、地区编号、地区名称。例如，某代理商的资料为：“7，华强商贸公司，林子豪，18901234567，86－0592－6895432，0592，福建厦门”。通常情况下，一方面，为了扩大产品销售范围、增加销量，企业一直在寻找新的代理商，有时会有新的代理商加入代理行列；另一方面，也会有原来的代理商停止代理的情况发生。企业每月根据上报的产品销售资料，生成产品销售文件，该文件的内容有代理商编号、产品编号、当月的销售量。如果某代理商经销了 3 种产品，则该编号的代理商在文件中有 3 条内容。企业统计所有代理商、所有产品当月的销售量，将每月产品销售量的变化值作为调整企业生产和经营策略的一个依据。

【程序要求】

编写代理商管理系统，提供用户菜单，实现以下功能：

(1) 实现对代理商的管理与查询。

将新增代理商的资料加入企业已有的代理商资料文件中；从代理商资料文件中删除已经停止代理的代理商资料；可以浏览企业当前所有代理商的资料；提供地区编号，输出该地区的代理商资料；提供法人姓名，输出对应代理商的资料。

(2) 实现对企业产品销售的管理与统计查询。

处理每月的“产品销售文件”内容，生成当月的产品销售情况统计比较表并提供查询。产品销售情况统计比较表的内容有代理商编号、地区编号、产品编号、本月销量、上月销量、上月销售增量。如果本月是 5 月，则“上月销售增量”指的是 4 月份与 3 月份销售量的差值，如果销量增加，该项是正数，销量减少时，该项为负数。对产品销售情况的查询功能包括：提供地区编号，输出该地区所有代理商、所有产品到当前月份为止的逐月销售数据（销量）与逐月销售增量；提供产品编号，输出所有代理商的该产品到当前月份为止的逐月销售数据（销量）与逐月销售增量。

6.20 仓库管理系统

【问题详述】

某工厂的原材料和产成品在仓库临时存放。货物进出仓库都要登记品种、时间和数量。工厂根据仓库货物库存量的统计数据，决定购买原材料的品种、时间和数量，把握生产进度。请编写仓库管理系统，完成货物出库入库的登记管理，提供仓库货物的统计数据。

工厂的多个仓库分别分区编号，存放 3 种产品和 12 种原材料。每种货物（产品和原材料）通常按照固定的库区存放。仓库管理科保存一个“库区分配文件”，反映库区分配情况，其内容有库区编号、库存货物的编号、名称、最大库存量。仓库管理科还保存“库存货物文件”，记录实际库存的每种货物的“编号、名称、存放地点、单价、库存数量、入库时间”的数据。货物入库时，要根据入库货物的“编号、名称、单价、数量、入库时间”修改库存货物的相关数据。库存的同种货物最多只会有两个批次（即入库时间）。货物出库时，要根据“编号、名称、数量”修改库存货物的相关数据。货物出库按照先进先出的原则，同种货物出库时，早期入库的货物优先出库，先期入库的商品全部出完，才轮到后入库的货物出库。

【程序要求】

仓库管理应用程序要完成仓库货物的出库、入库管理。使用文件保存实际库存的每种货物的数据，不会因为关机而丢失数据；每次运行应用程序时，读取前一天的实际库存货物的数据；程序运行结束时，将当天的实际库存货物数据保存到文件；应用程序首次运行时，使用的文件是由手工管理时的库存货物数据资料转化成的文本文件。应用程序还要提供库存货物的数据统计与查询功能。具体说明如下：

（1）货物入库：货物入库时修改当前库存货物的数据，如果入库货物为产品且入库后其库存量达到最大库存量的 90%，则提出满库警示。

（2）货物出库：货物出库时修改库存货物的数据，如果出库货物为原材料且出库后其库存量低于最大库存量的 10%，则提出低库存警示。

（3）库存货物统计：统计每种货物的数量，所有货物价值的资金占用总额；如果用户需要，当天的库存货物统计数据可以输出到指定的文件中保存并打印输出。

（4）仓库占用情况统计：根据每种货物的实际库存量和最大库存量，计算每种货物的仓库占用率。如果用户需要，当天的仓库占用情况统计数据可以输出到指定的文件中保存。

要为用户提供相应的功能菜单，实现上述功能的选择。

6.21 实验仪器管理系统

【问题详述】

实验室的仪器由专人维护管理以保证实验时能够正常使用。仪器的管理实行使用登记制度，仪器使用（借出）达到一定次数，管理人员就要对仪器进行调校、维护、保养或者报废处理。请编写应用程序，实现实验仪器的借、还管理；统计仪器的使用次数，提醒管理人员进行仪器的维护保养。

实验室的仪器分成三个类别，每类仪器需要进行维护的频率与正常使用的年限分别遵循不同的时间规定。A 类仪器每使用（借出）2 次就需要调校维护；使用满 5 年就要报废处理。B 类仪器至多使用（借出）20 次后，需要调校维护；使用期限为 15 年。C 类仪器至多使用 100 次后要进行维护；使用期限为 20 年。仪器的维护可以提前进行，例如某种 C 类仪器使用 95 次就进行维护。

每台仪器都有详细的记录资料，登记了该仪器的编号、名称、购置日期、类别、状态、使用次数。仪器的状态有“可借、已借出、待维护、报废” 4 种；使用次数是指自最近的一次维护后，已经借出（使用）的次数。应当报废的仪器或者该维护而尚未维护时（其状态是“待维护”），不允许借出。

【程序要求】

实验仪器管理系统代替手工操作,实现仪器的借、还管理;自动统计仪器的使用次数,提醒管理人员进行仪器的维护保养。其主要功能是:

运行系统时,输入当前日期,读取实验仪器登记数据文件,处理数据文件内容,自动查找达到报废时间的仪器,将其状态修改为报废;在用户主菜单中提供借出、归还、使用次数统计、维护登记、仪器报废预警等菜单选项;系统运行结束时,挑出当天已报废仪器的数据添加保存到报废仪器文件末尾,将正常使用的实验仪器登记数据重新保存到实验仪器登记数据文件中。

主菜单功能具体为:

仪器借出:根据输入仪器的名称,如果该仪器为“可借”状态,则办理借出(修改状态、使用次数);如果不可借,则显示相应的状态提示。

仪器归还:输入仪器的编号、名称办理归还手续(修改状态、使用次数);如果该仪器达到应该维护的程度,则显示需要维护的提醒。

使用次数统计:对于B类和C类仪器,显示最多使用n次就需要维护的仪器编号和名称。其中n为输入的一个整数。例如,输入3,统计使用次数达到或超过17次的B类和97次的C类仪器的编号和名称。该操作是对仪器进行维护的一个提前预计,可以在实验仪器借出不频繁时,提前维护仪器,调节工作的忙与闲的节奏。

维护登记:该操作是在对仪器进行了维护之后进行的。输入仪器的编号、名称,将状态修改为可借,将使用次数修改为0。

仪器报废预警:显示距离报废日期不超过一个月的仪器的编号及名称。

6.22 影城自助购票系统

【问题详述】

看电影是许多人喜爱的一种娱乐方式,现在观众能选择的电影也越来越多了。请编写一个电影城自助购票系统,为观众提供自助购票和有关的查询服务。

电影城有10个规格相同的放映厅,每个放映厅有15排,每排20座位。一个放映厅每天最多放映6个场次。通常情况下,每天有多部电影同时放映,观众可以通过自助购票系统查询当天放映电影的名称、简介、片长、地点、场次时间、票价和余票数,可以自助购票。

【程序要求】

影城用文件存储所有正在放映影片的资料,内容包括影片名、简介、影片时长(分钟)、票价。影城每天开始营业后,用文本文件形式排好各个放映厅当天将放映电影的场次时间与片名安排,开放自助购票系统为观众提供查询与自助购票。

自助购票系统菜单的各项功能是:

(1) 影片查询与购票:显示当天所有在映影片的片名,观众选择所需的一个,可以查看该片的简介、放映厅、场次时间,查询之后,系统提供购票选择。

(2) 放映时间查询与购票:观众输入一个时间,可以看到查询时间之后当天各放映厅要放映的所有影片的片名、放映厅、场次时间、余票数;查询之后,观众可以选择购票或者退出查询。

(3) 直接购票:观众输入放映厅号、场次时间,系统显示片名,观众确认之后,如果有余票,即可选座位购票。

6.23 图书期刊信息管理系统

【问题详述】

阅览室对所收藏的图书与期刊信息实现计算机管理，为用户提供图书信息的查询。阅览室陈列若干工具书、期刊和其他书籍供读者在阅览室内查阅。同一刊物可以有去年和当年的多期同时放在书架上。阅览室的图书信息使用文件保存，按照书名排序。有新书刊到达时，工作人员将新书的信息添加到文件中。书籍的信息包括书刊编号、书名、出版单位、出版时间、价格、书籍分类号等，其中，期刊的书名包括刊物名称与年份期数，例如：读者-2014-21。每年的7月份开始，上一年的期刊将陆续从书架上撤走，装订成册，变成合订本上架，同时，图书信息文件中要删去这些已经撤走的过期期刊的信息，添加合订本期刊的信息，例如，书名为读者-2014-合。

【程序要求】

图书期刊信息管理系统提供对书籍信息的录入与删除功能，提供图书信息的浏览与查询功能。其中，查询可以是对书名、出版单位、书籍分类号的模糊查询。例如，按书名查询时，输入“计算”，可以查到书名中含有“计算”字样的书刊，如计算方法（书籍）、微型计算机（期刊）、计算机工程（期刊）、英汉计算技术词典（工具书）等，这些都是符合条件的查询结果。再如，按照出版单位查询时，输入“大学”进行查询，则将阅览室收藏的所有大学出版社出版的书刊名称一一列出。按书籍分类号查询时，只要分类号前几位与所提供的相符即是符合条件。

6.24 图书借阅管理系统

【问题详述】

图书借阅管理系统对社区图书馆的图书实行计算机管理，为社区居民提供借阅查询服务。社区图书馆现有图书10000册，计划扩充到30000册，图书馆对社区近300户居民开放。居民出示户籍证明（户口本或身份证），交押金200元，就可办理一个借书证。借书证内容是借书证号、姓名、身份证号、家庭住址。居民凭借书证一次最多可借书3册，借期30天，在期限内还书或者重借免费，还书时超期一天需交0.1元借阅费，以此类推。现编写一个图书借阅管理系统进行图书借阅管理。

【程序要求】

图书借阅管理系统使用图书信息文件保存馆藏图书的信息，图书信息包括图书编号、书名、作者、出版单位、出版时间、价格、书籍分类号、当前状态（在库/借出）。系统同样用文件保存居民的借书证信息，包括借书证号、姓名、家庭住址、借书信息（借书日期、图书编号、借出的书名）。系统提供功能菜单完成对图书信息和图书借阅的管理。

系统菜单的功能有：

（1）录入新书信息：将新书的信息添加到图书信息文件中。

（2）图书查询：可以按照书名、作者和书籍分类号查找书籍。

（3）读者查询：输入借书证号和姓名，查询该读者目前借书情况，即借书的书名、借出日期、应还日期。

（4）借书：输入当天日期、借书证号、图书编号、书名、办理图书借出手续。

（5）还书：输入当天日期、借书证号、图书编号、书名、归还图书；如果有图书超期，则要显示并收取借阅费。

(6) 办借书证：输入姓名、身份证号、家庭住址，系统生成一个借书证号，办理一个借书证。

6.25 客运汽车售票管理系统

【问题详述】

某长途客运站每天有 60 趟班车，开往 10 个目的地，所有班车都使用定员 48 人的客车，不允许超载。乘客可以到车站售票处购票或者咨询班车的有关情况。请编写应用程序，完成车票销售与查询的功能。每趟班车都有一个车次编号，车站记录每天各趟班车的编号、出发时间、终点站、途中行驶时间、车票价格、剩余座位号。乘客最多可以提前 3 天购票，即在 5 号可以购买到当天直到 8 号这 4 天的车票。办理退票时如果是提前一天或以上，可以全额退费；如果退当天的车票，需要按照票面价格的 10%缴退票费。

【程序要求】

售票管理系统使用文件存储最近 4 天内每天各趟班车的信息和车票预售信息，系统使用功能菜单对乘客提供预售和现售车票，办理退票和提供查询服务。

菜单的功能如下。

(1) 查询：

输入终点站，查询当天所有开往该终点站的车次编号、出发时间与剩余票数；

输入时间、终点站，查询最近 4 天内在输入的时间之后出发的、开往该终点站的所有车次编号与各车次的剩余票数。

(2) 购票：

输入日期、车次编号和所需车票数购票；

输入日期、出发时间、终点站和所需车票数，系统查到符合条件的车次后购票。

(3) 退票：

输入票面的车次编号、日期，程序显示退还的票价金额与退票费，完成退票。

6.26 汽车服务公司陪练业务管理系统

【问题详述】

汽车服务公司有一项业务是为有需要的驾驶人提供驾驶汽车的陪练服务。某汽车服务公司将每天划分为 5 个时段，以每时段 200 元的价格向顾客提供驾驶陪练服务。陪练需要提前一到两天预约。顾客预约时，公司要记录其姓名、电话号码、上车地点、预约日期、预约时段；公司则将派出汽车的车牌号通知顾客。在约定的时间，公司安排一名教练员开车到达约定地点，接顾客练车、交费。该公司有 20 台小汽车和 23 名汽车驾驶教练员，汽车可以每天出车，教练员需要轮流休息。车辆本身有车牌号，公司还要另外用数字(1,2,3,…)对车辆进行编号，派车时按照车辆编号顺序依次进行；每位教练员在公司有自己的工号。请为该汽车服务公司编写一个计算机的管理系统，接受顾客的陪练预订，为顾客安排汽车和教练员完成陪练。

【程序要求】

使用文件存储预订信息。预订信息是最近的两天内(明天、后天)20 台车的预订派出情况，每台车一天的预订信息包括车辆编号、车牌号、教练员，5 个时段的派出信息(状态-是否预订、顾客姓名、电话号码、上车地点)。每天有 3 名教练员休息,20 人当班,依次轮换,每台车都有一位教练员负责。程序还使用文件存储每天实际出车信息。一天工作结束时,系统将当天实际出车信息追加到实际出车文件中,将新的预订信息重写到预订信息文件。程序提供一个功能菜单,菜单的功能如下。

(1) 预约:输入日期、时段,查询并显示是否有车可预约,如果有空车,则输入顾客姓名、电话号码、上车地点,安排车辆和教练员完成预约。如果查询的时段没有空,提示当天最早有空时段。

(2) 查询当天值班的教练员:按时间段依次显示当天值班的教练员工号与姓名。

(3) 浏览:显示当天 20 台车 5 个时段及出车地点(顾客上车地点),没有出车任务的时段和车辆则显示“空闲”。

(4) 统计出车次数:统计当天 5 个时段 20 台车总的出车次数。例如,1 号车有 4 个时段出车,1 个时段空闲,算出车 4 次。

6.27 车辆出租服务管理系统

【问题详述】

汽车服务公司对外提供小轿车出租服务,出租小轿车给有需求的顾客。公司有五种品牌的小轿车各 30 辆,不同品牌车辆的租金标准不同。车辆出租的费用按小时和天两种规格计费。顾客租车时,要记录其电话、姓名、驾驶证号、预计用车时长、实租车号并收取押金,顾客还车按照其租车时长,结清费用。请为汽车服务公司编写一个应用系统,实现出租小轿车的管理。

【程序要求】

车辆出租服务管理系统提供的功能包括:本公司各品牌车辆的出租标准的查询、车辆出租计费标准的查询,空闲车辆的查询;顾客租车时,根据顾客要求,挑选合适车辆,预估租车费用,录入顾客租用信息;还车时,计算顾客应交费用;系统还可以提供对车辆的管理操作。

公司拥有的车辆品牌、各品牌车辆的出租计费标准、车牌号等信息可以以文件形式保存;顾客租车时程序提供选择车辆品牌、计费标准的选项,用户不必重新输入。

6.28 健身会所会员卡管理系统

【问题详述】

某健身会所实行会员制,注册成为会员或者办理健身卡才能在健身会所进行健身锻炼。普通顾客只需要登记姓名和预存至少 50 元健身费即可办理健身卡。会员注册时办理会员卡,需要登记姓名、年龄并预存 300 元健身费。顾客健身时,进入和离开健身房都要刷卡,管理系统根据在健身房停留的时间自动从卡上扣费,刷会员卡按收费标准的 8 折收费。在休息区,顾客可以测量当时的身高、体重、腰臀比,健身会所为会员保存十组身体测量数据档案让顾客了解自己的健身效果,每组身体测量数据包括测量日期、身高、体重、腰臀比,会员顾客可以通过刷卡查看自己档案中的身体数据,与可以将测量数据记入本人档案。请编写健身会所会员卡管理系统,完成对顾客的档案与费用管理。

【程序要求】

会员卡管理系统使用两个文件分别存储两类顾客的信息。普通顾客的信息有健身卡号、姓名、卡中余额。会员顾客的信息有会员号(卡号)、姓名、年龄、卡中余额,10 组身体数据(日期、身高、体重、腰臀比)。系统菜单提供以下功能:

(1) 办卡:分为会员注册和办普通的健身卡;系统自动生成卡号,输入顾客的数据,存入现金(可选)。

(2) 充值:分为会员卡充值、健身卡充值;此项操作是指在有卡情况下充值。

(3) 进入健身房:登记进入时间与卡号。

(4) 离开健身房:登记卡号与离开时间,计算费用,如果卡上余额不够,转到充值操作。

(5) 记录身体数据:登记会员号、姓名、1 组身体数据(日期、身高、体重、腰臀比),如果会员档案中已经有 10 组数据,则需要顾客选择某日期,去掉该日期的数据才可记录新数据,如果不选,则保持原有数据,不记录新数据。

(6) 数据查看:输入会员号、姓名,查看档案中保存的 10 组身体数据。

6.29 钟点家政服务管理系统

【问题详述】

家政服务公司提供按小时计费的家务劳动服务。居民可以到家政服务公司请钟点工到家中完成做饭、做清洁等日常家务劳动,按钟点付费。客户请钟点工需要至少提前 24 小时预约,预约分为临时的和长期的两种性质:临时预约是指只需要一次的用工预约;长期预约指的是两天及以上,每天相同时长和到岗时间的用工预约。客户预约时,公司登记客户的姓名、住址、电话、钟点工到家开始工作的时间、工作时长、用工性质(临时/长期)、起始日期、结束日期。在客户指定的时间,公司将钟点工派往客户家,按要求完成家务劳动并收费。

【程序要求】

请为家政服务公司编写钟点家政服务管理系统,完成对客户预约的登记、查询、统计,实现公司对客户需求的管理。系统使用文件存储客户的用工预约,每天根据以往和当天新的预约内容随时更新次日的客户需求数据以便提供用工查询,系统每天运行结束之前,生成最终的次日客户需求文件,并打印出来;重新保存客户的用工预约文件,添加当天新预约的内容,去掉预约期满或者过期的预约内容。

例如,6 月 4 日运行系统前,用工预约文件中有下列 4 项内容:

(客户姓名	住址	电话	用工开始时间	工作时长	用工性质	起始日期	结束日期)
张	×××	×××	9:00	3	临时	6 月 5 日	—
周	×××	×××	11:00	2	长期	6 月 7 日	6 月 8 日
吴	×××	×××	10:30	2	长期	6 月 3 日	6 月 5 日
李	×××	×××	16:00	3	长期	6 月 5 日	6 月 10 日

系统运行期间,有下列新的预约内容:

赵	×××	×××	9:30	2	临时	6 月 5 日	—
陈	×××	×××	15:30	2	临时	6 月 7 日	—
钱	×××	×××	13:00	3	长期	6 月 5 日	6 月 20 日

针对以上 7 项内容所生成的次日(6 月 5 日)客户需求数据(按用工开始时间排序)为:

(客户姓名	住址	电话	用工开始时间	工作时长)
张	×××	×××	9:00	3
赵	×××	×××	9:30	2
吴	×××	×××	10:30	2
钱	×××	×××	13:00	3
李	×××	×××	16:00	3

针对以上列出的 7 项预约内容,重新保存客户的用工预约文件时,保留以下内容:

周	×××	×××	11:00	2	长期	6 月 7 日	6 月 8 日
李	×××	×××	16:00	3	长期	6 月 5 日	6 月 10 日
陈	×××	×××	15:30	2	临时	6 月 7 日	—
钱	×××	×××	13:00	3	长期	6 月 5 日	6 月 20 日

预约期满或者过期的预约内容有 3 项,不再保存。

系统提供以下功能菜单:

(1) 查询:查询次日所有的用工需求,并按用工开始时间排序。

(2) 统计:统计次日用工需求的总次数和总时数。上例中,5 项次日客户需求数据的用工需求总次数为 5 次,总时数为 13 小时。

(3) 客户预约登记:登记客户的姓名、住址、电话、钟点工到家时间、工作时长、用工性质(临时/长期)、起始日期、结束日期。如果客户预约的用工时间是次日,将预约内容添加到次日的用工需求数据供查询。

(4) 取消预约:登记客户的姓名、住址,取消还未到期或者还未期满的预约需求。取消的预约要从相应的数据中删除。

补充功能:家政服务公司用文件保存所有服务过的老客户的信息。有客户预约登记时,如果是老客户,接待员直接查询老客户的信息文件,核对或者更新客户的姓名、住址、电话,再登记客户的新预约要求;删除客户过期预约信息时,如果该客户的信息不在老客户的信息文件中,将其内容添加进去。

6.30 特色家政服务管理系统

【问题详述】

家政公司针对新建住宅区推出“安心入住”清扫特色家政服务,为房主清扫新装修的住房,让房主能安心地搬入一个干净的新居。住房清扫按房屋的面积计费,收费标准是:清扫一次收费起点 300 元,对应的房屋面积不超过 80 平方米,面积超过部分,每增加 2 平方米,加收 10 元清洁费。例如,91 平方米房屋的清扫费是 355 元。顾客需要提前 2 到 7 天预约,顾客预约时,公司登记顾客的姓名、电话、住址、住房面积、开始工作时间、清扫日期。清扫工作一般当天完成,最迟的开始工作时间为 15:00。如果预约的开始工作时间在上午 11 点之后,每推迟 1 小时,加收 10%的补偿费,开始工作时间以半小时为一个单位计算。例如,一个 78 平方米的房屋,要求在 12:30 开始打扫,收费标准为 345 元。其中 45 元是补偿费。在顾客指定的日期,公司派工人在约定的开始工作时间之前,到达顾客的新居进行清扫。公司派工的原则是，通常每户派工 5 人，面积每增加 30 平方米，增加一名工人；开始工作时间为 13:00及之后的，加派一人，15:00 开始工作的，加派两人。

【程序要求】

请编写特色家政服务管理系统，完成“安心入住”清扫服务的预约登记、查询，实现公司对顾客需求进行管理。系统使用文件存储顾客的预约数据，每天生成当天要完成的预约清扫数据以便公司派工与工作协调，系统每天运行结束之前，重新保存顾客的预约文件，添加当天新预约的内容，去掉过期的预约内容。

系统提供以下功能菜单：

(1) 顾客预约登记。登记顾客的姓名、电话、住址、住房面积、开始工作时间、清扫日期。

(2) 取消预约：登记顾客的姓名、电话，取消相应的预约，删除对应的数据。

(3) 计算查询：输入房屋面积、开始工作时间，计算并显示清扫费用。

(4) 统计：统计当天需要完成清扫服务的总户数和需求的工人总数。

(5) 浏览：生成当天需要完成的全部清扫工作的数据，并按开始工作时间排序。浏览显示的内容包括顾客的姓名、电话、住址、住房面积、开始工作的时间、费用、建议派工人数。将浏览显示的内容生成一个文件，文件内容包含表头（数据项的名称），另外包含日期，需要时可以打印输出。

6.31 培训班管理系统

【问题详述】

青少年宫文艺部开办了许多艺术培训班，有电子琴、手风琴、扬琴、小号等多种乐器演奏及声乐培训的初、中、高级班。培训班招收青少年学员，每个培训班的人员定额一般不超过 20 人，额满为止。文艺部确定各种培训班的班级编号、培训名称、学费、上课时间、上课地点、开课日期、结束日期、学员定额。学员报名时，登记学员姓名、年龄、电话号码，如果本人有意向的培训班有余额，将该学员加到对应班中；否则，将学员的登记信息加到报名意向文件中。编写培训班管理系统，实现对培训班学员的管理，提供查询统计的功能。

【程序要求】

系统将当前开班的所有培训班的数据保存为培训班文件，其内容为班级编号、培训名称、学费、上课时间、上课地点、开课日期、结束日期、学员定额、学员余额。系统还有另外两个数据文件，一个是培训班学员文件，它是按培训班来记录的上课学员的数据。该文件内容是班级编号、培训名称、学员定额、学员余额、若干组（姓名、年龄、电话号码）[定额数]。另一个是意向学员文件，它是记录想参加培训，但是因某种原因未能在培训班内的学员数据，该文件内容是姓名、年龄、电话号码、（意向）培训名称。系统每天将最新的数据重新保存到以上 3 个文件中。系统提供以下功能菜单：

(1) 浏览：浏览当前在授课的所有培训班的数据，包括班级编号、培训名称、学费、上课时间、上课地点、开课日期、结束日期、学员定额、学员余额。

(2) 查询：按上课时间、开课日期，查询符合条件的培训班数据；按培训名称查询符合条件的培训班数据。

(3) 报名：输入学员姓名、年龄、电话号码、培训名称，如果培训名称相符的班级有余额，将学员的数据加到培训班学员数据中去，如果名额已满，则将学员的登记信息加到报名意向数据中。

(4) 统计:统计意向学员数据中每种(意向)培训名称的人数;统计培训班学员数据中,各班级、培训名称的学员余额(非0值的余额)。

6.32　足球联赛积分管理系统

【问题详述】

足球协会在全国举办足球联赛。足球联赛有多个级别,采取主客场比赛制,在一个赛季中,每支球队要与其他各球队在主场和客场各举行一场比赛。如果有16支球队,一个赛季共举行30轮比赛,每轮要举行8场比赛。球队按照比赛积分进行排名,积分计法为:胜3分;平1分;负0分。积分高的球队排名靠前,积分相同的球队再依次比较客场进球数,主场进球数决定排名先后。联赛结束时,积分最高的两名球队晋级到高一级别,最低的两名球队降级到低一级别,本级别联赛还要接纳两支高一级别的降级球队和两支低一级别的晋级球队,保持本级别球队总数不变。请为足球协会编写一个联赛积分管理系统,录入联赛各轮次的成绩,对球队进行排名,提供积分查询、进球数查询、升级与降级的查询等。

【程序要求】

联赛积分管理系统可以适用于不同级别的足球联赛,该系统提供的功能有:

(1) 录入比赛结果,生成各球队的比赛数据。每场比赛要录入的信息有主队、客队、主队进球数、客队进球数。如果有N支球队,每轮需要录入N/2场比赛结果;输入比赛结果之后,系统自动生成N支球队的比赛数据。例如,如果第一轮有一场比赛的信息是:"主队:广州队;客队:山东队;主队进球数:3;客队进球数:2",则广州队和山东队本轮的比赛数据自动生成如下:

球队名称	联赛轮次	主或客场	对手球队	进球数	失球数	本场得分	积分
广州队	1	主	山东队	3	2	3	3
山东队	1	客	广州队	2	3	0	0

(2) 对球队排名。根据当前已经完成的比赛结果,按照积分从高到低对球队进行排名,显示排名结果,显示前两名和最后两名的球队名称。

(3) 提供以下查询功能:查询所有球队截止到本轮的积分;查某球队的积分;查某球队某轮次的比赛数据;查某球队所有在主场失利时的对手;查某球队所有在客场时的比赛数据。

其他要求:使用文件保存所有球队一个赛季的完整比赛数据,比赛结果录入后要重新保存到文件中。对联赛的球队进行编号,球队名称只需要输入一次并保存为文件,球队名称也可以修改,在录入比赛结果时,主队名和客队名只需要从列出的编号和名称中进行选择,不必输入。

6.33　篮球比赛管理系统

【问题详述】

某大学每年春季学期举行篮球比赛,以院(系)为单位,每个学院选派一个代表队,采取单循环赛制,取胜队获得1分,负的队不得分。按照积分的高低,通常情况下,设立一等奖一个,二等奖两个,三等奖三个。如果因为积分相同增加了某级别的获奖队数,则取消下一获奖级别；获奖的总球队数不超过参赛队总数的三分之二。例如，如果有两支球队积分相同并列第一名，则一等奖有两名，此时取消二等奖，第三名至第五名的球队获得三等奖。

【程序要求】

请编写该比赛的积分管理系统，完成以下功能：

(1) 录入参赛队的名称和编号，生成比赛轮次表供查询；

(2) 录入各轮次的比赛成绩，对球队目前成绩进行排名；

(3) 提供积分查询、比赛轮次的查询；

(4) 生成学期末获奖球队并提供球队名次查询。

6.34 乒乓球比赛管理系统

【问题详述】

某单位举办职工乒乓球比赛，采取淘汰赛制。报名人数限定为 32 人。

【程序要求】

请编写该比赛的积分管理系统，完成以下功能：

(1) 录入选手的个人信息，生成首轮对阵表供查询；

(2) 录入各轮次的成绩，生成下一轮对阵表供查询；

(3) 提供各位选手比赛对阵情况的查询、胜负情况的查询、比赛轮次的查询；

(4) 全部比赛完成后，提供前四强名单的查询。

比赛赛制说明：

淘汰制，每一轮比赛淘汰掉一半选手，获胜者进入下一轮，直至产生最后的冠军。

单循环赛，每一队都能和其他队比赛一次，最后按各队在全部比赛中的积分、得失分率排列名次。如果参加的队数是偶数，则比赛轮数为队数减 1。如果参加的队数是奇数，则比赛轮数等于队数。将参赛队从 1 开始编号，参加队数如果是奇数，可以补一个"0"号，与"0"相遇的队就轮空一次。表 6-1 和表 6-2 是两种常用比赛编排方法对阵表。"贝格"编排法可以避免使用常规轮转编排法时第四轮后出现的某队总是和轮空队相遇的不合理现象。

表 6-1　7 个参赛队常规轮转编排法

第一轮	第二轮	第三轮	第四轮	第五轮	第六轮	第七轮
1—0	1—7	1—6	1—5	1—4	1—3	1—2
2—7	0—6	7—5	6—4	5—3	4—2	3—0
3—6	2—5	0—4	7—3	6—2	5—0	4—7
4—5	3—4	2—3	0—2	7—0	6—7	5—6

表 6-2　7 个参赛队"贝格"编排法

第一轮	第二轮	第三轮	第四轮	第五轮	第六轮	第七轮
1－0	0－5	2－0	0－6	3－0	0－7	4－0
2－7	6－4	3－1	7－5	4－2	1－6	5－3
3－6	7－3	4－7	1－4	5－1	2－5	6－2
4－5	1－2	5－6	2－3	6－7	3－4	7－1

6.35 科研项目管理系统

【问题详述】

科技处负责管理不同单位的科研项目，登记当前这个五年计划期间内已经立项的科研项目的有关数据，数据内容包括项目编号、项目名称、项目类别、项目负责人、负责人所在单位、通过立项日期、计划结项时间、经费总额、年均经费金额、论文数量、专利数量。科技处根据所拥有的科研项目数据，组织安排对科研项目的中期与后期审查、进度监督和经费管理。请编写科研项目管理系统，实现对科研项目的管理。

【程序要求】

系统使用3个文件保存所有的科研项目数据，它们是科研项目文件、论文登记文件、专利登记文件。

科研项目文件存储的是科研项目的有关数据，其内容有项目编号、项目名称、项目类别、项目负责人、负责人所在单位、通过立项时间、结项时间、经费总额、年均经费金额、论文数量、专利数量。

论文登记文件存储的是，在进行项目研究期间公开发表的论文、专著的出版信息，文件数据项有论文题目/专著名称、项目编号、第一作者、期刊名称卷号/专著出版社、出版时间。

专利登记文件存储的是，作为项目研究成果所获得专利的信息。其内容有专利名称、专利号、项目编号、专利所有权人、专利获得时间、专利有效期限。

系统使用菜单提供数据的添加、查询、统计、浏览功能，系统每次运行结束时，要将修改的数据保存到对应文件。系统菜单的功能如下。

(1) 添加数据：

添加项目：输入一个项目的项目编号、项目名称、项目类别、项目负责人、负责人所在单位、通过立项时间、结项时间、经费总额、年均经费金额。论文数量和专利数量不用输入，设置为0。

添加论文：输入论文题目/专著名称、项目编号、第一作者、期刊名称卷号/专著出版社、出版时间。每完成一次添加论文操作，系统要自动将对应项目（"项目编号"相同）的论文数量加1。

添加专利：输入一项专利的数据。每完成一次添加专利操作，系统要自动将对应项目的专利数量加1。

(2) 查询：

输入项目负责人姓名，查询对应项目的相关数据；

查询某类别项目的数据；

根据项目编号和项目名称，查询相应项目的数据。

(3) 统计：

统计年均经费金额达到指定值的项目数量；

统计结项时间为某年月的项目数；

统计立项时间为某年月的项目数；

统计某单位在某年月通过立项的项目数。

(4) 数据浏览：

分页显示选中的科研项目的数据；

分页显示所有科研项目的数据。

6.36 教师信息管理系统

【问题详述】

教育管理部门使用教师信息管理系统对教育工作进行科学管理，为教育政策的制定和教育工作规划提供参考依据。该系统用文件的形式保存学校和教师的信息，学校信息文件包含学校编号、学校类型（义务教育、高中、职业技术学校）、学校名称、所属辖区、招生范围、学校教职工总人数、专任教师人数、在校生人数、毕业班学生人数等内容。教师的信息文件包含学校编号，教师的姓名、性别、出生年月、最后学历、职称、所教科目、最后一次进修情况、获奖情况等内容。

【程序要求】

教师信息管理系统每次运行后要先读取用文本文件形式存储的学校信息和教师信息，系统运行过程中如果信息有修改，可以重写到相应的文件。管理系统通过菜单命令的形式提供以下功能：

(1) 可以修改学校的信息，并将确认修改的内容自动重新保存到学校信息文件中。

(2) 可以按照学校修改该校教师的信息，确认修改的内容自动保存到教师信息文件。

(3) 可以实现以下查询工作：

① 查询某个学校、某个科目的所有教师情况；

② 查询某类学校、某个科目有过获奖记录的教师的情况；

③ 查询在指定的时间之后没有进修经历的教师情况（学校名称及教师姓名）。

(4) 可以完成以下统计工作：

① 统计某类学校、某科目的教师人数；

② 统计某类学校、各类职称的教师人数；

③ 统计每个学校教职工总人数、在校学生人数和专任教师的人数；

④ 统计各个学校教师进修和获奖的情况；

⑤ 统计每个学校教师的年龄分布情况、职称分布情况、性别分布情况。

6.37 岗位招聘管理系统

【问题详述】

劳动和社会保障部门在组织企业进行岗位招聘工作时使用岗位招聘管理系统。该系统将企业和个人信息组织成三个文件，供企业、个人和管理者查询和参考。招聘单位提供本企业的基本情况和待聘岗位情况，管理部门审核后录入系统，其数据加到用人单位信息文件和岗位信息文件。应聘人员本人提供的个人信息和工作意向，集中到人才信息文件。为了保证系统数据的安全，系统还设置一个密码文件，保存各个用户名和密码。

用人单位信息文件中的内容有企业名称、企业编号、注册资金、单位地址、企业网址、固定电话、企业法人、主要业务描述、需招聘总人数；待聘岗位信息文件内容为岗位类型、岗位名称、学历要求、资格证书要求、其他要求、企业编号、基本月薪金额、其他待遇、所需人数；人才信息文件的内容有姓名、身份证号（在查询时不显示）、性别、出生年月、学历情况（最多可以有三种不同专业的学历）、资格证书情况（最多可以填写四种专业资格证书）、求职的岗位类型(最多可以有三种不同的岗位类型)、最低月薪期望值、其他说明。

【程序要求】

岗位招聘管理系统有三类用户：管理部门、企业和个人。系统对所有用户提供多种查询与统计功能，例如：

查询基本月薪金额在某一范围的岗位情况(学历要求、资格证书要求、所需人数、企业编号)；

查询在某地企业的招聘需求情况(主要业务描述、需招聘总人数、岗位名称、所需人数)；

查询某年龄段求职者的求职行业意向；

统计基本月薪金额在某个范围的岗位数；

统计某行业求职者的月薪期望值分布情况；

统计具备某种资格证书的求职人员人数；

统计求职人员中男性和女性人数、某年龄段人数、某种学历的人数。

另外，在输入了各自预留的密码后，管理部门用户可以修改待聘岗位信息文件内容和用人单位信息文件内容，个人用户可以修改本人的个人信息。系统将以上合法的修改都回写到相应的文件中。

6.38 简单的试题库管理系统

【问题详述】

为了对试题进行集中、有效的管理，方便试题的更新与查询，灵活组卷，降低出卷的劳动强度，需开发一个试题库管理系统。该系统所使用的每个试题都有唯一的试题编号，每题都有章节、考点说明、题型、难度、题目内容文字、得分、答案文字内容等项内容，试题使用文本文件的形式存储。

【程序要求】

试题库管理系统具备一定的安全性，通过用户名与密码登录，系统提供用户菜单，可以按试题的难度、题型、章节等分类录入、修改或删除试题，可以通过文本文件导入试题，可以实现对相关试题的查询，可以按照分数、章节、题型等项要求自动组卷、生成文本格式试卷和标准答卷。

6.39 矿产资源信息管理系统

【问题详述】

某省国土资源部门使用矿产资源信息管理系统对全省的矿产资源实施管理。矿产资源信息用文件存储，主要有以下项目：矿区编号、矿区名称、矿区位置(经度、纬度)、矿产类型、矿产品位、矿产储量、年开采量、开采技术评级等内容。其中，矿区编号唯一，不能重复。

【程序要求】

矿产资源信息管理系统开始运行时，读取矿产资源信息文件的内容，用户对矿产资源信息的修改(包括增加、删除、变更内容)，经确认后全部自动重新保存到文件中。系统通过用户菜单提供的功能如下：

(1) 添加与删除功能：添加或删除信息。

(2) 查询功能:能根据矿区编号、矿产类型和矿产品位等进行查询。

(3) 编辑功能:对相应的信息进行修改。

(4) 统计功能:能根据多种参数进行矿产的统计(矿区位置、矿产类型、矿产品位、储量、年开采量等)。

(5) 排序功能:按照矿产品位、储量、年开采量、矿产类型等进行排序。

6.40 矿业权管理信息系统

【问题详述】

国有或私营企业只有申请并获批探矿权、采矿权才能进行合法的探矿、采矿工作。管理部门使用矿业权管理信息系统对辖区内国土资源的使用权进行管理。该系统将有关信息保存为两个文件:申请信息文件和证件信息文件。

企业申请矿业权时,需按照要求填写相应信息,内容包括企业名称、法人名称、项目名称、申请矿业权名称、申请提交时间、申请的有效期限、矿业权范围、申请权限所需资格证明(资格证类型及编号)等。

收到企业的申请后,管理部门根据其提供的证明材料进行审核,审核合格的授权发证。不同矿业权(探矿权、采矿权)分别发证,一权一证。核发证件存档的信息项目为证件编号、企业名称、法人名称、项目名称、批准矿业权名称、批准时间、批准的有效期限、矿业权范围、资格证明等。

【程序要求】

矿业权管理信息系统具有以下功能:

(1) 接受企业的申请,登记申请信息,新增的申请信息添加到申请信息文件中;

(2) 浏览申请信息;

(3) 按照矿业权类型、申请时间等对申请信息进行查询;

(4) 将通过审核获得批准的申请内容,从申请信息文件中去掉,添加到证件信息文件中;

(5) 浏览已核发证件的信息;

(6) 对已发证的矿业权按照时间段、矿业权类型等进行统计。

第Ⅲ部分

试题精选

第7章 真题试卷

试 卷 一

一、单项选择题(每题2分,共20分)

1. 以下选项中,均符合C常量形式的是(　　)。
   A. e5,0123　　B. 0xffce,'\123'　　C. 0xfhb,0.1e－5　　D. $_{10}2$,123
2. 假定 int a＝2,b＝5,表达式:a＋'1'＋(float)(b/a)的值是(　　)。
   A. 5.0　　B. 5.5　　C. 53.0　　D. 53.5
3. 设 char a[]＝"xy/0a\128\\0";则数组 a 的长度是(　　)。
   A. 3　　B. 9　　C. 10　　D. 13
4. 在以下表达式中,与 ！(a＋b)&& a＊b 不等价的是(　　)。
   A. a＋b＝＝0 && a＊b！＝0　　B. a！＝0 && b！＝0 && ！(a＋b)
   C. ！(a＋b)&& a　　D. a<0 || b<0 && a＊b>0
5. 以下各循环语句中,不是无限循环的是(　　)。
   A. for(i＝0;i－－<0;i＋＋);　　B. for(i＝－10;i>＝－10<10;i＋＋);
   C. for(i＝1,j＝10;i－j;i＋＋,j－－);　　D. for(i＝1;i＝10;i＋＋);
6. 下列函数的功能是(　　)。
   A. 字符串复制　　B. 字符串连接
   C. 字符串比较　　D. 都不是

```
void f(chat *a,char *b)
{
    while(*a++);
    while(*b)*a++=*b++;
    *a=0;
}
```

7. 以下程序的功能是(　　)。

```
main()
{ int  a[3][3]={1,2,3,4,5,6,7,8,9},i,*p=a,s=0;
    for(i=0;i<3;i++)
  for( p+=i;p< a[i]+3;p++)s+=*p;
    printf("\n % d",s);
}
```

   A. 求矩阵 a 的所有元素之和　　B. 求矩阵 a 的上三角元素之和
   C. 求矩阵 a 的下三角元素之和　　D. 都不是

8. 以下程序的功能是(　　)。

```
main()
{  int  a[10]={3,5,2,9,1,8,0,2,4,6},i,p=0,q=0;
   for(i=0;i<10;i++)
   {  if(a[i]>p)p=a[i];
```

```
        if(a[i]<a[q])q=i;
      }
      printf("\n%d,%d",p,q);
    }
```

A. 求最大值和最小值　　B. 求最大值的位置和最小值的位置

C. 求最大值的位置和最小值　　D. 求最小值的位置和最大值

9. 以下程序中，有一个不符合 C 语法规则的语句，这个语句是(　　)。

```
#define  M  10
main()
{
```

A. int　i,n,a[M * 10];
   scanf("%d",&n);

B. int　b[n];
   {

C. int　n=1000;

D. for(i=0;i<n;i++)scanf("%d",a+i);
   }
   }

10. 下列计算两个整数的最大公约数的各函数中，不正确的是(　　)。

A. int　f(int　m,int　n)
   {　int　j;　for(j=m;j>=1;j--)if(m%j==0 && n%j==0)return　j;}

B. int　f(int　m,int　n)
   {　int　j,k;
      for(j=m;j>=1;j--)if(m%j==0 && n%j==0)k=j;
      return　k;
   }

C. int　f(int　m,int　n)
   {　int　j,k;　for(j=1;j<=m;j++)if(m%j==0 && n%j==0)k=j;
      return　k;
   }

D. int　f(int　m,int　n)
   {　int　j;　for(j=m;m%j || n%j;j--);return　j;}

二、程序阅读题(每题 3 分，共 30 分)

11. 以下程序的运行结果是(　　)。

```
main( )
{  int i,n=0;
   for(i=2;i<5;i++)
   { do { if(i%3)  continue;n++;} while(!i); n++;}
   printf("\n%d",n);
}
```

A. 2　　B. 3　　C. 4　　D. 5

12. 以下程序的运行结果是(　　)。

```
main()
  { int  i=6,j=0,k;
    for( k=0;k<3;k++){ j=j*2+i%2;i/=2;}
    printf("%\n %d,%d",i,j );
  }
```

A. 6,3　　B. 0,3　　C. 0,6　　D. 6,6

13. 以下程序的运行结果是(　　)。

```
int  swap(int  a,int  b)              main()
    { int  t;                            { int a=3,b=5,c;
      if(a<b){t=a;a=b;b=t;}                  c=swap(a,b);
      return  (a,b);                       printf("\n%d,%d,%d",a,b,c);
    }                                    }
```

A. 5,3,3　　B. 3,5,3　　C. 3,5,5　　D. 5,3,5

14. 以下程序的输出结果是(　　)。

```
main()
  { char  a[]="abcXYZ";
     int  i,j,k=0;  for( i=0;a[i];i++);
     for( j=0;a[j];j++)if( a[j]<a[k] )k=j;
     i- - ;j=a[i];a[i]=a[k];a[k]=j;
     printf("%s",a);
  }
```

A. abZXYc　　B. XbcaYZ　　C. cbaXYZ　　D. abcZYX

15. 以下程序的运行结果是(　　)。

```
main()
{ int n=5678;
   while(n){ printf("%d",n%10);n/=10;}
}
```

A. 8765　　B. 5678　　C. 8760　　D. 5670

16. 以下程序的运行结果是(　　)。

```
main()
{ char  a[20]="abc",b[]="XYZpq12",*p=a,*p1=b;
   for(;*p;p++);
   for(;*p1;p1++)if(*p1<'X')*p++=*p1;
   *p=0;
   printf("\n %s",a);
}
```

A. 12　　B. pq12　　C. abc12　　D. abcpq12

17. 以下程序的运行结果是(　　)。

```
main()                              f(int  *x,int  b)
  { int  a=3,b=5;                     {
    f(&a,b);                            *x+=2;
    printf("\n %d,%d",a,b);               b++;
  }                                   }
```

A. 3,5　　B. 5,6　　C. 3,6　　D. 5,5

18. 以下程序的运行结果是(　　)。

```
main()
{  int  a=3,b=5,c=0,x=10,y=20;
    if( a<b )  c =a,  a =b,  b =c;
    if( x> y )  c=x;  x=y;  y=c;
    printf("\n %d,%d,%d,%d",a,b,x,y );
}
```

A. 5,3,10,20　　B. 5,3,20,3　　C. 5,3,20,10　　D. 语句不合法

19. 以下程序的运行结果是(　　)。

```
main()
{  int i,j,k,p=0,s,a[3][3]={4,3,6,7,2,8,5,1,9};
for( i=0;i<3;i++)
    {  s=0;for(j=0;j<3;j++)s+=a[j][i];
      if( p<s){ p=s;k=i;}
    }printf("\n %d ",k);
}
```

A. 0　　B. 1　　C. 2　　D. 都不是

20. 以下程序的运行结果是(　　)。

```
main()
{  int  i,n=0;
for( i=1;i<=20;i++)if( i%2==0&&i%3)n++;
printf("\n %d",n);
}
```

A. 7　　B. 3　　C. 6　　D. 10

三、程序填充题(每空 4 分,共 20 分)

选择适当的内容填在以下各程序的画线处,以使程序完整。

●从键盘输入年月日,计算该日是当年的第几天。

```
main()
{  int  i,n,s=0,d2,year,month,day;
  printf("\n y m d=");
  scanf("%d%d%d",&year,&month,&day);
  if(year%4==0 && year%100 || year%400==0)d2=29;
  else d2=28;
  for(i=1;____21____;i++)
  {  if(i==2)n=d2;
      else if(i==4 || i==6 ||i==9 || i==11)n=30;
  else n=31;
  s+=n;
}
printf("\n %d",____22____);
}
```

21. A. i<month　　B. i<=month　　C. i<=12　　D. i<12

22. A. n　　B. n+day　　C. s　　D. s+day

●用折半查找法查找整数 k 在数列 a 中的位置(数列 a 中的数按从小到大排序),若 a 中

有与 k 相同的数，则返回其位置（下标），否则返回－1。

```
int search(int  a[],int  n,int  k)
    {  int i=0,j=n- 1,m;
       while(i<=j)
       {  m= (i+j)/2;
          if(a[m]<k)______23______;
          else if( a[m]> k)______24______;
          else______25______;
       }
       return(- 1);
    }
```

23. A. i＝m－1　　B. i＝m＋1　　C. j＝m－1　　D. j＝m＋1

24. A. }i＝m－1　　B. i＝m＋1　　C. j＝m－1　　D. j＝m＋1

25. A. } return －1　　B. return　j　　C. } return　i　　D. return　m

四、程序设计题(30 分)

26. 已知文本文件 f1. txt 中存放了 500 个考生的数据（考号、姓名和考试成绩），存放格式是每行存放一个考生的数据，每个数据之间用空格隔开；假定录取名额是 100 人，请编写程序计算出录取分数线，并将录取分数线和被录取的考生数据按分数从高到低的顺序存放到文本文件 f2. txt 中。

试　卷　二

一、单项选择题(每题 2 分，共 20 分)

1. 以下选项中，均符合 C 变量命名规则的是(　　)。
   A. x_1，1_a　　B. π，α　　C. a. c，N　　D. China，_1_
2. 有以下定义语句，编译时会出现编译错误的是(　　)。
   A. char a='a';　　B. char a='\0';　　C. char a="b";　　D. char　a='2';
3. 设 char a[ ]="axy\n0\1238\\0"，则数组 a 的长度是(　　)。
   A. 8　　B. 9　　C. 10　　D. 14
4. 假定有以下程序：

```
main()
{  int  *p;  scanf("%d",*p);  printf("\n %f",*p);}
```

   则以下描述中正确的是(　　)。
   A. 语法和运行都没问题　　B. 语法有错
   C. 语法没错但不能运行　　D. 语法没错但运行可能出问题
5. 假定 int a=19，b=15，c=8；以下表达式中与其余三项值不同的是(　　)。
   A. a>=b>=c&&a * b * c! =0　　B. a>=b&&b>=c||a * b * c! =0
   C. a>=b&&b>=c&&a * b * c　　D. a>=b>=c||a * b * c
6. 设有如下定义：int n[10]，* p=n；则从键盘输入一个整数到 n[1]，以下错误的语句是(　　)。
   A. scanf("%d",++p);　　B. scanf("%d",(p+1));
   C. scanf("%d",(n+1));　　D. scanf("%d",++n);
7. 在以下表达式中，与 a==0 && b! =0 不等价的是(　　)。

A. !(a==0 || b!=0)

B. !(a!=0 || b==0)

C. ! a && b

D. !(a * b)&& b

8. 以下程序中,不正确的赋值语句是(　　)。

```
struct  student
{  int  num;     char  name[20];  float  score;  };
main( )
{  struct  student  st,*p;
   p=&st;
```

A. st.num=1001;

B. p->num=2001;

C. st.name="Zhang";

D. p->score=80;

}

9. 以下函数是计算多项式(　　)的值。

```
float  f(int  n)
{  float  i,t=2,s=t;
   for(i=2;i<=n;i++)  { t=t* (2* i- 1)* (2* i);  s+=t;  }
   return  s;
}
```

A. 1+3+5+…

B. 2+4+6+…

C. 1! +2! +3! +…

D. 2! +4! +6! +…

10. 以下函数的功能是(　　)。

```
int fun(char *s)
   {  char *t=s;
      while(*t++);  return(t-s-1);
   }
```

A. 比较两个字符串的大小

B. 计算 s 所指字符串的长度

C. 将 s 所指字符串复制到字符串 t 中

D. 以上都不是

二、程序阅读题(每题 3 分,共 30 分)

11. 以下程序运行后的输出结果是(　　)。

```
int  a=3,b=5;
f( int a )
{  a++;b+=a;  }
main()
{int  a=6;
f(a-1);
printf("\n%d,%d",a,b);
}
```

A. 3,8　　B. 3,11　　C. 6,8　　D. 6,11

12. 以下程序的运行结果是(　　)。

```
main()
{  int  a[10]={3,5,2,9,1,8,10,2,4,6},i,p=0,q=0;
for(i=0;i<10;i++)
```

```
      {   if(a[i]>p)p=a[i];
      if(a[i]<a[q])q=i;
      }
  printf("\n %d,%d",p,q);
  }
```

A. 6,1　　B. 10,4　　C. 4,10　　D. 6,4

13. 以下程序运行后的输出结果是(　　)。

```
main()
{ int  x=12345,y=0;
while( x )
switch( x%10 )
      {   case 1:
          case 3:y++;x/=10;
          case 5:y+=2;x/=10;break;
          default:y+=3;x/=10;
      }
printf("\n %d",y);
}
```

A. 9　　B. 10　　C. 11　　D. 12

14. 下列程序执行后的输出结果是(　　)。

```
#include <stdio.h>
void main( )
{   int y=9;
    for(;y>0;y--)
    if(y%3==0)printf("%d",y);
}
```

A. 741　　B. 852　　C. 963　　D. 875421

15. 以下程序的运行结果是(　　)。

```
#include <stdio.h>
void f(int *x,int b)
{
    *x+=2;
    b++;
}
void main( )
{   int  a=8,b=10;
    f(&a,b);
    printf("\n %d,%d",a,b);
}
```

A. 8,10　　B. 10,11　　C. 8,11　　D. 10,10

16. 以下程序的运行结果是(　　)。

```
#include <stdio.h>
void  f(char *s,char *p)
{
```

```
    for(;*s;s++);
    for(;*p;p++)
    if(*p>='0'&&*p<='9')*s++=*p;*s=0;
}
void main()
{
    char a[10]="xy",b[]="ab2CD12";
    f(a,b);
    printf("%s",a);
}
```

A. xyab2CD12　　　B. ab2CD12

C. xy　　　D. xy212

17. 以下程序运行后的输出结果是(　　)。

```
#include <stdio.h>
void main()
{int  a=0,b=30;
do{
    b-=a;
    if(b<5);
    break;
    a+=5;
} while(a);
printf("%d,%d\n",a,b);
}
```

A. 0,30　　　B. 5,25　　　C. 10,15　　　D. 15,0

18. 以下程序运行后的输出结果是(　　)。

```
main()
{  int j,k,s1=0,s2=0,a[3][3]={1,2,3,4,5,6,7,8,9};
for(j=0;j<3;j++)
    for(k=j+1;k<3;k++)
{ s1+=a[j][k];  s2+=a[k][j];  }
printf("\n%d,%d",s1,s2);
}
```

A. 26,34　　　B. 34,26　　　C. 19,11　　　D. 11,19

19. 以下程序运行后的输出结果是(　　)。

```
#include  <stdio.h>
void  fun(int *s,int n1,int n2)
{int  i,j,t;
i=n1;  j=n2;
    while(i<j)  {t=s[i];s[i]=s[j];s[j]=t;i++;j--;}
}
main()
{int  a[10]={1,2,3,4,5,6,7,8,9,0},k;
```

```
    fun(a,0,3);  fun(a,4,9);  fun(a,0,9);
        for(k=0;k<10;k++)printf("%d",a[k]);     printf("\n");
    }
```

A. 0987654321　　B. 5678901234　　C. 4321098765　　D. 0987651234

20. 以下程序的运行结果是(　　)。

```
    #include "stdio.h"
    main()
    {   int  i;char a[]="ab12";
        for( i=0;a[i];i++)
        switch( a[i] )
        {case  1 :  printf( "%d",a[i]+1 );  break;
        case  2 :  printf( "%d",a[i]+1 );  break;
        default :if( a[i]>='a' && a[i]<='z' )putchar( a[i]+1 );
            else  printf( "%d",a[i] );
        }
    }
```

A. bc23　　B. bc12　　C. bc4950　　D. bc5051

三、程序填充题(每空 4 分,共 20 分)

本题给出若干函数的代码,共有 5 处空缺,每个空缺提供 4 个选项,请不要修改程序,为每个空缺处选择一个合适的选项填空,使函数完成题目描述的功能。

●判断一个数是否为降序数的函数,是降序数时返回 1,否则返回 0。

所谓降序数就是:个位≤十位≤百位≤…的数,只有一位的数也属于降序数。

```
    int  f( int  n)
    {  int k=0;
         while( n )
         {  if(____21____)return 0;
        ____22____;
         }
         return 1;
    }
```

21. A. k>=n%10　　B. k<=n%10　　C. k>n%10　　D. k<n%10

22. A. else return 1;　　B. n/=10;k=n%10;

C. n/=10;　　D. k=n%10;n/=10;

●以下函数的功能是将整数 k 插到整数数列 a 中。已知数列 a 从大到小有序,要求在新数插入后,数列仍有序,并且挤掉原数列中 n 个数中的最后一个整数。

```
    void insert(int a[],int n,int k)
    {
        int i,j;
        for(i=0;i<n;i++)if(a[i]<k)break;
        for(____23____)a[j]=a[j-1];
        a[i]=k;
    }
```

23. A. j=n-1;j>i;j--　　B. j=n;j>i;j--
C. j=i;j<n;j++　　D. j=i+1;j<n;j++

●以下函数是将数列a中的非素数去掉，只保留素数部分，然后按从小到大的顺序重新排列后输出。

```
int  prime(int m)
{
    int  i;
    if(m<2)  return  0;
    if(m==2)  return  1;
    for(i=2;i<m;i++)____24____;
    return 1;
}
void sort(int *a,int n)
{  int  *i,*j,t;
    for(i=a;i<a+n- 1;i++)
    for(j=i+1;j<a+n;j++)
____25____;
}
main()
{  int  a[100],i,k=0,n=100;
     for(i=0;i<n;i++)  scanf("%d",a+i);
for(i=0;i<n;i++)  if(prime(a[i])  a[k++]=a[i];
     sort(a,k);
for(i=0;i<k;i++)  printf("%d",a[i]);
}
```

24. A. if(m%i! =0)　return　0　　B. if(m%i! =0)　return　1
C. if(m%i==0)　return　0　　D. if(m%i==0)　return　1

25. A. if(*i>*j)　{t=*i; *i=*j; *j=t;}
B. if(a[i]>a[j])　{ t=a[i];a[i]=a[j];a[j]=t;}
C. if(*i<*j)　{t=*i; *i=*j; *j=t;}
D. if(a[i]<a[j])　{ t=a[i];a[i]=a[j];a[j]=t;}

四、程序设计题(从3题中任选2题作答,每小题15分,共30分)

26. 编写程序实现输入一名学生的成绩划分等级的功能。分级原则如下：
score≥90:A级
80≤score<90:B级
70≤score<80:C级
60≤score<70:D级
score<60:E级

27. 百钱买百鸡问题。已知公鸡每只5元,母鸡每只3元,小鸡1元3只。要求用100元钱正好买100只鸡,问公鸡、母鸡、小鸡各多少只?

28. 编写一个函数,求n个数中的最大值、最小值和平均值。要求主函数完成20个数的输入,子函数完成统计,最后输出结果。

试　卷　三

一、单项选择题(每题 2 分,共 30 分)

1. 以下不合法的数值常量是(　　)。

A. 011　　B. 3e2　　C. 8.0E0.5　　D. 0xabcd

2. 以下不合法的字符常量是(　　)。

A. '\018'　　B. '\"'　　C. '\\'　　D. '\xcc'

3. 以下关于逻辑运算符两侧运算对象的叙述中正确的是(　　)。

A. 只能是整数 0 或 1　　B. 只能是整数 0 或非 0 的整数

C. 可以是结构体类型的数据　　D. 可以是任意合法的表达式

4. 以下选项中,值为 1 的表达式是(　　)。

A. 1－'0'　　B. 1－'\0'　　C. '1'－0　　D. '\0'－'0'

5. 当把以下四个表达式用作 if 语句的控制表达式时,有一个选项与其他三个选项含义不同,这个选项是(　　)。

A. k%2　　B. k%2==1　　C. (k%2)! =0　　D. ! k%2==1

6. 设有定义:int a;float b;执行 scanf("%2d%f",&a,&b);语句时,若从键盘输入 876 543.0<回车>,a 和 b 的值分别是(　　)。

A. 876 和 543.000000　　B. 87 和 6.000000

C. 87 和 543.000000　　D. 76 和 543.000000

7. 有以下程序

```
void main()
{ char a1='M',a2='m';
printf("%c\n",(a1,a2));}
```

以下叙述中正确的是(　　)。

A. 程序输出大写字母 M　　B. 程序输出小写字母 m

C. 格式说明符不足,编译出错　　D. 程序运行时产生出错信息

8. 下列条件语句中,功能与其他语句不同的是(　　)。

A. if(a)printf("%d\n",x);else printf("%d\n",y);

B. if(a! =0)printf("%d\n",x);else printf("%d\n",y);

C. if(a==0)printf("%d\n",x);else printf("%d\n",y);

D. if(a==0)printf("%d\n",y);else printf("%d\n",x);

9. 下列叙述中正确的是(　　)。

A. break 语句只能用于 switch 语句

B. 在 switch 语句中必须使用 default

C. break 语句必须与 switch 语句中的 case 配对使用

D. 在 switch 语句中,不一定使用 break 语句

10. 若有如下程序段,其中 s、a、b、c 均已定义为整型变量,且 a、c 均已赋值(c 大于 0)

```
s=a;
for(b=1;b<=c;b++)s=s+1;
```

则与上述程序段功能等价的赋值语句是(　　)。

A. s=a+b;　　B. s=a+c;　　C. s=s+c;　　D. s=b+c;

11. 有以下程序段：

```
int n,t=1,s=0;
scanf("%d",&n);
do{ s=s+t;t=t-2;}while(t!=n);
```

为使此程序段不陷入死循环，从键盘输入的数据应该是(　　)。

A. 任意正奇数　　B. 任意负偶数　　C. 任意正偶数　　D. 任意负奇数

12. 已有定义：char a[]="xyz",b[]={'x','y','z'};以下叙述中正确的是(　　)。

A. 数组 a 和 b 的长度相同　　B. a 数组长度小于 b 数组长度

C. a 数组长度大于 b 数组长度　　D. 上述说法都不对

13. 以下数组定义中错误的是(　　)。

A. int x[][3]={0};　　B. int x[2][3]={{1,2},{3,4},{5,6}};

C. int x[][3]={{1,2,3},{4,5,6}};　　D. int x[2][3]={1,2,3,4,5,6};

14. 已定义以下函数：

```
int fun(int * p){ return * p;}
```

fun 函数的返回值是(　　)。

A. 一个指针　　B. 一个整数

C. 形参 p 中存放的值　　D. 形参 p 的地址值

15. 设有以下语句：

```
typedef struct TT {char c;int a[4];}CIN;
```

则下面叙述中正确的是(　　)。

A. 可以用 TT 定义结构体变量　　B. TT 是 struct 类型的变量

C. 可以用 CIN 定义结构体变量　　D. CIN 是 struct TT 类型的变量

二、程序阅读题(每题 3 分，共 30 分)

16. 有以下程序，程序运行后的输出结果是(　　)。

```
main()
{int x,y,z;
x=y=1;
z=x++,y++,++y;
printf("%d,%d,%d\n",x,y,z);}
```

A. 2,3,3　　B. 2,3,2　　C. 2,3,1　　D. 2,2,1

17. 有以下程序，程序执行后的输出结果是(　　)。

```
main()
{ int i,j,x=0;
for(i=0;i<2;i++)
{ x++;
for(j=0;j<=3;j++)
{ if(j%2)continue;x++;}
x++;
}
printf("x=%d\n",x);}
```

A. x=4　　B. x=8　　C. x=6　　D. x=12

18. 有以下程序,程序运行后的输出结果是(　　)。

```
main()
{ int k=5,n=0;
while(k>0)
{ switch(k)
{   default :break;
    case 1 :n+=k;
    case 2 :
    case 3 :n+=k;
}
k--;}
printf("%d\n",n);}
```

A. 0　　B. 4　　C. 6　　D. 7

19. 有以下程序,程序运行后的输出结果是(　　)。

```
main()
{  char s[ ]="aeiou",*ps;
ps=s;printf("%c\n",*ps+4);}
```

A. a　　B. e　　C. u　　D. 元素 s[4]的地址

20. 有以下程序,程序执行后的输出结果是(　　)。

```
void fun1(char *p)
{ char *q;q=p;
while(*q!='\0'){(*q)++;q++;} }
main()
{ char a[]={"Program"},*p;
p=&a[3];fun1(p);printf("%s\n",a);}
```

A. Prohsbn　　B. Prphsbn　　C. Progsbn　　D. Program

21. 有以下程序,程序执行后的输出结果是(　　)。

```
void swap(char *x,char *y)
{ char t;t=*x;*x=*y;*y=t;}
main()
{ chars1[]="abc",s2[]="123";
swap(s1,s2);printf("%s,%s\n",s1,s2);}
```

A. 123,abc　　B. abc,123　　C. 1bc,a23　　D. 321,cba

22. 有以下程序,程序执行后的输出结果是(　　)。

```
int fun(int x[],int n)
{ static int sum=0,i;
for(i=0;i<n;i++)sum+=x[i];
return sum;}
main()
{ int a[]={1,2,3,4,5},b[]={6,7,8,9},s=0;
s=fun(a,5)+fun(b,4);printf("%d\n",s);}
```

A. 45　　B. 50　　C. 60　　D. 55

23. 有以下程序,程序运行后的输出结果是(　　)。

```
main()
{ int a[]={2,4,6,8,10},y=0,x,* p;
p=&a[1]; for(x=1;x<3;x++)y+=p[x];
printf("%d\n",y);}
```

A. 10　　B. 11　　C. 14　　D. 15

24. 有以下程序，程序运行后的输出结果是(　　)。

```
#include <stdio.h>
struct STU { char name[10];int num;};
void f(char *name,int num)
{ struct STU s[2]={{"SunDan",20044},{"Penghua",20045}};
num =s[0].num;strcpy(name,s[0].name);}
main()
{ struct STU s[2]={{"YangSan",20041},{"LiSiGuo",20042}},* p;
p=&s[1];f(p->name,p->num);
printf("%s %d\n",p->name,p->num);}
```

A. SunDan 20042　　B. SunDan 20044

C. LiSiGuo 20042　　D. YangSan 20041

25. 执行以下程序后，test.txt 文件的内容是(若文件能正常打开)(　　)。

```
#include<stdio.h>
main()
{ FILE *fp;char *s1="Fortran",*s2="Basic";
if((fp=fopen("test.txt","wb"))==NULL)
{ printf("Can't open test.txt file\n");exit(1);}
fwrite(s1,7,1,fp);
fseek(fp,0,SEEK_SET);
fwrite(s2,5,1,fp);
fclose(fp);}
```

A. Basican　　B. BasicFortran　　C. Basic　　D. FortranBasic

三、程序填充题(每空 4 分，共 20 分)

选择适当的内容填在以下各程序的画线处，使程序完整。

●下面的函数用折半查找法查找整数 k 在数列 a 中的位置(数列 a 中的数按从小到大排序)，若 a 中有与 k 相同的数则返回其位置(下标)，否则返回－1。

```
int  search(int  a[],int  n,int  k)
{  int  i=0,j=n-1,m;
        while(____26____)
        {  m=(i+j)/2;
           if(a[m]==k)____27____;
           else if(____28____)j=m-1;
           elsei=m+1;
        }
        return(-1);
}
```

26. A. i<j　　B. i<=j　　C. i>j　　D. i>=j

27. A. return －1　　B. return m　　C. return i　　D. return j

28. A. a[m]　　B. a[m]<k　　C. a[m]>k　　D. a[m]! =k

●下面的程序用来统计 1～100 这 100 个自然数中平方根正好是整数的自然数的个数。

```
#include <stdio.h>
#include <math.h>
int fun(int m)
{____29____;
  t=sqrt(m);
if(____30____)  return 1;  else  return 0;
}

void main()
{  int i,s;
  for(s=0,i=1;i<=100;i++)s+=fun(i);
  printf("s=%d\n",s);
}
```

29. A. int t　　B. float t　　C. char t　　D. int *t

30. A. t<1e-6　　B. t-(int)<1e-6

C. fabs(t)<1e-6　　D. fabs(t-(int)t)<1e-6

四、程序设计题(20 分)

31. 有 5 个学生，每个学生有 3 门课的成绩，从键盘输入数据(包括学生号、姓名、三门课成绩)，计算每个学生的平均成绩和全班每门课的平均成绩，把原有的数据和计算出的平均分数存放在磁盘文件“stud”中。

附录 A C 语言课程设计大纲

一、目的与任务

根据教育部高等学校教学指导委员会的要求，高校学生必须具备扎实的计算机基础知识，具有较强的程序设计和软件开发能力，特别对计算机专业及相关专业的学生要求尤高。安排此课程设计的目的，就是要通过一次集中的强化训练，使学生能及时地巩固已学的知识，补充未学的但又是必需的内容，进一步提高程序设计的能力。希望学生能珍惜此次机会，不但要使自己的程序设计能力上一台阶，同时提高与程序设计和软件开发有关的各种综合能力。

二、具体安排

(1) 课程设计以编程上机为主，具体按指导书中所安排的内容进行。

(2) 每班安排一名指导老师，分配一间机房，每人一台计算机。

三、要求

(1) 学生和指导老师都要认真对待此次课程设计，要把课程设计作为一门课程来完成，不得无故缺课、迟到或早退。

(2) 学生要认真消化指导书中的所有内容，按时完成指导书中的练习。为达到此目的，应在课程开始之前，对指导书中的内容提前消化。

(3) 每个学生要在课程设计结束后的一周内，按要求编写好软件设计报告，由学习委员集中交给指导老师。

(4) 指导老师对学生要严格要求，对学生的设计要认真指导，认真解答学生所指出的问题，并根据具体情况做必要的集中讲授。

四、评分办法

课程设计结束后，由指导老师根据学生在课程设计中的表现及任务完成的数量与质量给每个学生评定成绩，具体可分两步进行：

1. 课堂检查

在课程设计的最后一天或由教师根据实习情况自行安排的时间，指导老师分别对每个学生的设计进行检查，检查的内容主要有三个方面：

(1) 完成练习的情况，可先由学生自我汇报，然后由老师做检查。

(2) 随机提问，从中判定学生的算法设计和程序设计的分析能力。

(3) 观看学生设计的模拟运算过程及结果，并做必要的提问，判别学生的完成情况。

2. 评审软件设计报告

指导老师认真阅读每个学生的软件设计报告，对其系统设计、数据结构设计、算法设计、程序设计等的合理性和质量以及对报告的编写质量做认真审核，以此作为评定综合练习成绩的主要依据。

课程实习报告的参考格式：

（1）题目编号。

（2）写出系统总体设计的思路、功能模块划分。给出合理的测试数据及运行结果，要求能够体现程序的正确性和完备性，以及对错误输入的处理。总结算法或系统的优缺点，给出算法或系统进一步改进的设想。

（3）附录。附录中给出源代码。

最后根据两个步骤的检查情况结合学生的表现情况给定最终成绩。最终成绩原则上按出勤记载、课程实习报告和答辩来综合给定。

在学时安排和评分上，不同专业的学生可适当区别对待。

参 考 文 献

[1] 谭浩强，等. C语言程序设计题解与上机指导[M]. 北京：清华大学出版社，2000.

[2] 全国计算机等级考试命题研究组. 全国计算机等级考试历届上机真题详解：二级C语言程序设计[M]. 天津：南开大学出版社，2008.

[3] 刘喜平，万常选，舒蔚，骆斯文. C程序设计：方法与实践[M]. 北京：清华大学出版社，2017.

[4] 郑军红. C语言程序设计上机指导与综合练习[M]. 武汉：武汉大学出版社，2008.

[5] 黄远林，张冬梅，范玉莲. C语言程序设计实验与题解[M]. 北京：高等教育出版社，2004.

[6] 夏宽理，赵子正. C语言程序设计上机指导与习题解答[M]. 3版. 北京：中国铁道出版社，2006.

[7] 杨路明. C语言程序设计上机指导与习题选解[M]. 北京：北京邮电大学出版社，2005.

[8] 王成端，魏先民. C语言程序设计实训：题解、实验、课程设计与样题[M]. 北京：中国水利水电出版社，2008.

[9] 何兴恒，等. C程序设计实践指导书[M]. 武汉：中国地质大学出版社，2004.

[10] 王贺艳. C语言程序设计综合实训[M]. 2版. 北京：中国水利水电出版社，2012.

[11] 杨彩霞. C语言程序设计实验指导与习题解答[M]. 北京：中国铁道出版社，2007.

[12] 张宝森. C语言程序设计实验与实训[M]. 北京：科学出版社，2005.

[13] 张冬梅，刘远兴，陈晶，王媛妮. 基于PBL的C语言课程设计及学习指导[M]. 北京：清华大学出版社，2011.